공학 전공교육의 기본 문제해결 능력을 위한 실습 위주의 입문서

# 공학설계입문

이용재, 김노원, 김삼열, 김형석, 김창규, 김창호, 이문노, 최병윤 공저

책은 현재 공과대학의 설계전공 분야에서 실제로 가르치고 연구하는 전문인 교수가 추후 현장에 뛰어들 기업의
내기들이 잘 적응하도록 공대의 분야별로 크게 나누어서 집필하였다. 주어진 정답 찾기 위주의 교육에 익숙한 학생들이
격적인 공학 전공교육을 이수하기 전에 기본 문제해결 능력을 학습할 수 있도록 우리 실정에 맞는 교재를 개발하기
해 노력을 하였다. 전공을 크게 건축, 토목 등의 유사계열, 기계, 조선, 메카트로닉스 드의 유사계열, 화공, 환경, 금속,
료 등의 계열과 전기, 전자, 정보통신, 컴퓨터, 영상 등의 IT 계열로 크게 나누어 반 학기에 걸친 설계실습을 할 수
도록 실습 위주의 교재로 엮었다.

도서출판 GS인터비전

# 머 리 말

대학교육이 공급자 중심의 교육에서 수요자 중심의 교육, 성과 중심의 교육, 국제표준화 교육으로 시대적 사회적 요구에 따라 요원의 불길처럼 번져가고 있다. 공과대학을 졸업하여 사회에 나가서 부딪히는 문제들이 너무나도 예측하기 어렵고 복잡하고 다양할 것이다. 따라서 어떤 문제 혹은 방안이 예측이 불가능하고 다양한 공학문제를 체계적으로 접근하는 일반적인 방법론이 필요할 것이며, 이러한 다양한 문제에 대한 해결능력은 공학에서 가장 중요한 기본 능력이다.

사회의 변화에 따라 공학교육의 내용과 방법에 있어서도 많은 변화가 요구되고 있다. 현재 공학대학의 교육과정을 마친 졸업생, 즉 취업을 원하는 학생은 넘치는 반면에 기업이나 사회에서의 필요한 수준의 공급은 부족한 실정에서 기업이 원하는 졸업생을 배출하여야 한다. 이는 공학인증교육이라는 새 지평의 교육시스템으로 향하고 있음을 의미한다. 공학자의 역할은 과학적 지식과 기술적 수단을 활용하여 문제를 해결하는 것이며, 공학자가 설계를 수행하기 위해서는 공학 설계능력과 함께 창의적 사고방식을 가져야 한다. 실제적인 문제를 효과적으로 해결하기 위해서 다양한 지식을 제공해야 하는 공학자는 여러 분야의 아이디어들을 창의적으로 조합하여 설계를 하여야 한다. 앨버트 아인슈타인(Albert Einstein)은 '설계는 창조적 과정'이라 하였고, 유한한 지식에 비해 무한한 가능성 때문에 창의력을 더 중요시하였다.

선진국의 제품이나 디자인을 복제하거나 모방하는 것이 더 이상 허용되지 않는 오늘날의 현실에서 창의적 공학설계 능력의 배양은 매우 절실한 것이다. 미국의 공학기술인증위원회(ABET)에서나 우리나라의 프로그램인 한국공학교육인증위원회(ABEEK)에서는 학생들의 전공지식 배양과 설계경험을 학부과정에서부터 습득하게 하기 위하여 교과과정에 체계적인 설계과정을 제공할 것을 규정하고 있다. 특히 평면적 지식이나 기술 데이터베이스로부터 제품을 설계하는 폐쇄형 문제를 해결하는 기술보다는 다양한 모델을 제시할 수 있으며, 여러 번의 반복과정과 창의적 아이디어를 바탕으로 개방형 문제를 해결하는 기법을 익히는 것이 중요하다. 이렇게 될 때 이 책의 저자들이 주장하듯 직업 현장에서뿐만 아니라 인생을 살아가면서 부딪치는 해결책이 바로 보이지 않는 수많은 세상사도 슬기롭게 해결할 수 있는 능력도 가질 것이다.

이 책은 현재 공과대학에서 설계전공 분야를 실제로 가르치고 연구하는 교수들이 공대의 각 세부 분야별로 크게 나누어서 여러 자료를 바탕으로 기획하였다. 이후 이 책이 공학대학 새내기에게 다양한 분야에서 필요한 기초 설계 개념 위주로 집필할 것을 벅찬 마음으로 결정하였으며, 추후 실제 현장에 뛰어들 기업의 새내기들이 잘 적응하도록 집필하였다.

특히 주어진 정답 찾기 위주의 교육에 익숙한 학생들이 본격적인 공학전공 강의를 이수하기 전에 기본문제해결 능력을 학습할 수 있도록 현 교육 실정에 맞는 교재를 개발하는데 중점을 두었다.

교재의 내용은 가능하면 이론을 줄이고 한 학기 중에 강의가 반 학기 정도에서 이론과 간단한 설계를 할 수 있게 하였으며, 전공을 크게 건축 · 토목 등의 유사계열, 기계 · 조선 · 메카트로닉스 등의 유사계열, 화공 · 환경 · 금속 · 재료 등의 계열과 전기 · 전자 · 정보통신 · 컴퓨터 · 영상 등의 IT 계열로 크게 나누어 반 학기 걸친 설계실습을 할 수 있도록 실습 위주의 교재로 엮었다.

여러분에게 본 교재를 참고 혹은 교재로 사용하면서 여러 부분에서 발전을 위한 직접적인 지도편달의 부탁하며, 이 책이 후학들의 문제해결 능력을 조금이라도 향상시킬 수 있는 교재가 되는 것이 저자들의 바람이다.

2010년 7월

저자 대표 이용재

# 차례

## 제9장 공학윤리



## 제10장 마인드스톰 NXT를 이용한 로봇 프로젝트 과제



## 제11장 건축 관련, 토목, 도시과제

제1장

# 공학설계 개론

1.1 공학과 설계의 정의

1.2 공학자의 역할과 능력

1.3 공학인증에서의 공학설계

1.4 공학과 경제성

대학교육이 공급자 중심의 교육에서 수요자 중심의 교육으로 요원의 불길처럼 번져가고 있다. 이는 공학인증교육이라는 새 지평의 교육시스템으로 향하고 있음을 의미한다. 공학과 설계를 분리하여 공학이 무엇인지를 정의하고 공학설계에 대하여 설명하고자 한다. 공학전공을 지원하여 대학에서 공부하는 학생으로 공학이 어떤 학문인가에 대하여 생각하여 보고, 과학이 어떤 것이며 공학과의 관계는 어떤 것인가를 고려하여야 할 것이다.

## 1.1 공학과 설계의 정의

### 1.1.1 공학(engineering)이란?

공학의 사전적 의미는 '공업의 이론, 기술, 생산 따위를 체계적으로 연구하는 학문'으로 전기, 전자, 기계, 항공, 토목, 건축, 화공, 컴퓨터 따위의 여러 분야가 있으며, 엔지니어링과 동일한 개념이다. 또 다른 정의는 '자연, 인간, 사회, 인조물 등 제반 대상과 주변 환경이 복합적으로 작용하여 만들어낸 문제에 대한, 합리적이고 일반성 있는 해결방법을 탐구하고 활용하려는 학문'이라는 것과, 또 다른 것으로는 '더 높고 더 큰 가치를 창출하는 인간의 경제적 활동을 다루는 기본 학문', 또는 '부가가치 창출에 관련되는 제반 학문체계', 혹은 '과학적 지식과 기술적 수단을 이용하여 가장 경제적인 방법으로 인간의 욕구를 충족시키는 체계적인 학문' 등으로 정의하고 있다.

창의공학 설계는 공학인증교육을 위해서 도입한 교과목 중 설계의 중요성에 따라 입문 개념의 설계과목이다. 먼저 공학인증교육을 시작한 미국 공학기술인증위원회(ABET: Accreditation Board for Engineering and Technology)에서는 공학을 'Engineering is the profession in which a knowledge of the mathematical and nature sciences gained by study, experience, and practice is applied with judgement to develop ways to utilize, economically, the materials and force of nature for the benefit of mankind'로 정의하고 있다. 이는 '공학은 연구, 실험과 실습에 의해 얻어진 수학과 자연과학의 지식으로 인류의 이익을 위해 자연의 힘과 물질들을 경제적으로 이용하기 위한 방법들을 개발하기 위한 판단을 적용하는 직업이다.'로 직역할 수 있다.

### 1.1.2 과학이란?

과학은 '보편적인 진리나 법칙의 발견을 목적으로 한 체계적인 지식'으로, 넓은 뜻으로는 학(學)을 이르고, 좁은 뜻으로는 자연 과학을 의미한다. 과학과 공학의 차이는 응용적인 측면에서의 차이이며, 공학은 인간의 삶인 의식주와 같은 기초생활과 삶을 풍요롭게 하기 위한 여러 가지 여가 활동과 문화 활동을 돕는데, 과학을 응용하여 자연을 개발 이용하는 활동이다. 즉 자연이 주는 일차적인 농업, 수산업, 임업, 광업 등 여러 가지 자원을 양식, 재배, 채취하여 이를 가공하여 인간의 삶에 필요한 물질들을 만들어내고, 부가가치를 높이는 모든 활동이라 할 수 있다. 이러한 활동들을 공업 활동이라 하며, 공업 활동에는 환경개선과 개발, 제품 개발과 제작, 운송과 물류 유통, 통신, 공정 개발, 관리 운용 등의 활동이 포함된다. 효율성, 경제성, 안전성, 편의성, 쾌적성 등을 높이기 위한 모든 활동을 다루는 학문을 공학이라 하고, 여기에 종사하는 사람을 공학인 혹은 엔지니어, 이를 배우는 학생을 공학도라 한다.

따라서 공학은 과학지식을 바탕으로 축적된 경험과 창의성을 통하여 인류가 문명생활을 영위하는데 필요한 모든 것들과 관련된 설계, 생산, 제작, 관리, 유통, 운용 활동을 통해서 인간의 삶의 질을 높이는 모든 활동으로 정의할 수 있다.

인간은 본능적으로 건강하고 무한한 삶을 원한다. 이 때문에 의학은 인간의 건강한 삶과 생명이 정명에 도달하도록 공학과 결합하여 끊임없이 발전하고 있다.

종교와 철학, 인문학이 인간의 내면적이고 정신적인 삶을 풍요롭게 한다면, 사회과학은 인간사회의 제반제도와 사회발전을 도모하며, 자연과학은 자연의 원리와 우주의 섭리를 밝히는 학문이고, 공학은 인간의 물질적 풍요로운 삶과 삶의 안전성, 쾌적성, 안락성 등의 향상을 위한 학문이라 할 것이다. 이러한 삶의 욕구에 관련된 문제가 공학적 문제이고, 문제의 해결사가 공학도 과정을 수료한 사람이라고 할 수 있다.

### 1.1.3 설계란?

국어사전에 의하면 설계는 '그 목적에 따라 실제적인 계획을 세워 도면 따위로 명시하는 일'로 정의되어 있으며, 좀 더 구체화한 웹스터 사전에는 설계를 다음과 같이 서술하고 있다.

- 계획, 안, 과제, 목적, 목표의 도출
- 계획된 것이나 목표로 하는 성과물
- 계획에 근거하여 개발에 의해 만들어지는 것
- 설계도나 모형을 만들기 위한 기술
- 부품, 사소한 것, 형태, 색 등을 배열하여 완벽한 예술품 또는 발명품
- 작업을 하기 위한, 밑그림 또는 모형
- 비밀스러우며, 부정직하고 이기적인 계획
- 완성된 예술품 또는 장식품을 만드는 것이다.

설계라는 단어와 관련된 창의적인 활동은 미술품, 인쇄, 의류, 공학제품, 도예, 음악, 보석, 카펫, 다리, 조각, 건축과 같은 많은 분야에서 명확하게 나타나고 있다.

설계에 많은 관심을 가진 학자들의 설계에 대한 서술은 여러 가지가 있다. 그 중에서 유명한 딤(1994)은 설계란 '그 형태와 기능이 목표에 부합하고 구체적인 조건들을 충족시키는 제품에 대한 체계적이고 지적인 창조 행위이자 평가 행위'라고 정의하였다. 김기수 · 이창훈(2006)은 '어떤 기기, 제품, 장비, 프로그램, 시스템, 구조, 공정 및 건설 등의 문제에 대해 팀 또는 개인이 해결안이라고 생각하는 모든 아이디어를 구현하는 것을 공학 설계'라고 정의하였으며, 앞서 열거한 기기, 제품, 장비 등은 공학설계과정으로부터 생긴 결과물이라고 하였다.

설계에 대한 서술을 여러 가지로 설명을 하고 있으나 그 의미는 거의 비슷하다. 이렇게 다양하게 정의되는 설계의 의미를 사용자, 설계 주문자, 제품, 설계 공정 등의 측면에서 살펴보면 다음과 같다.

### 1) 설계주문자 측면에서의 설계

설계용역을 발주한 사람이야말로 설계자가 직접 상대하는 고객이다. 이들은 설계가 필요한 상황 및 여건을 설명하여 설계자로부터 기대하는 결과물의 내용을 명시하고 설계 시

발생하는 제약조건들을 지적한다. 설계자는 이러한 제약조건하에서 작업을 해야 하는데 물론 고객이 지적하지 않았던 환경조건, 산업표준 또는 안전법규 등도 함께 고려해야 하며, 설계발주자가 원하는 설계 목적을 구체화시킬 책임도 있다. 고객에 의해 설계의 목적이 분명하게 주어질 때도 있지만 대부분의 경우는 그렇지 못하다. 고객이 요청한 내용이 설계자 자신이 생각했던 것과 다르다는 사실이 발견될 때, 이에 대한 해결 방안을 제시할 수 있다면 사용자 요구를 충족시키고 경쟁사들의 설계보다 우수한 제품이 될 수 있다.

### 2) 설계공정(process) 측면에서의 설계

설계제품이 아닌 공정 자체가 설계 결과물일 수 있다. 공정이란 원하는 결과물을 얻기 위한 일련의 작업 또는 업무를 의미하며 설계 정의에 포함된다. 공정 설계의 목적은 높은 생산율, 낮은 결함률, 짧은 생산주기, 낮은 단가, 낮은 정지시간 및 유지보수시간 등으로 특징지을 수 있다. 이 경우 기기 사용자는 생산 공정에 있는 근로자이며 설계를 맡긴 고객은 생산부서의 총 책임자에 해당한다.

### 3) 제품 측면에서의 설계

설계 제품은 가끔 서로 상충하는 목표들 사이의 절충을 통해서 얻어진 결과물이다. 전자제품 소유자는 싼 가격이면서도 튼튼하고 유지보수가 적게 드는 기계를 원하지만 일반적으로 튼튼하고 유지보수가 적게 드는 제품은 가격이 비싸기 때문에 가격 대비 성능 사이에 절충이 필요하다. 따라서 서로 상충하는 목표들 간의 상대적 중요도에 따라 부여하는 가중치는 공학설계에서 고려해야 하는 중요사항이다. 때로는 상충목표들로 인해 발명이나 새로운 기술개발이 촉진되어 절충이 필요하지 않을 수도 있다.

### 4) 사용자 측면에서의 설계

사용자는 자신의 필요를 만족시키기 위해 직·간접으로 설계 제품의 목적이 무엇인지를 설계자에게 알려준다. 설계를 맡긴 고객이 때로는 설계 제품의 최종 소비자일 수도 있지만, 많은 경우에는 대리인이 최종 소비자를 대신해 설계용역을 발주한다. 예를 들어, 소비제품인 경우는 제조회사의 판매팀이나 영업팀이 소비자를 대신해 제품에 필요한 기능을 명시하기도 하는데 어느 경우든지 설계의 목적은 설계 제품의 최종 사용자에 의해 직·간접적 영향을 받게 된다.

### 5) 의사소통 측면에서의 설계

설계를 일련의 결정에 대한 의사소통이라고 정의할 수도 있다. 의사소통을 위한 대화가 단절 상태에서 설계자의 머릿속에 있는 일련의 결정에 의해 설계가 이루어졌다면 어떻게 될지 생각해 보자. 결정사항에 대해 고객과 대화한다는 것은 설계를 현실화할 수 있게 해 준다. 통상적으로 대화에서는 설계결과를 포함하고 설계자는 선택된 대안을 설명한다. 그러나 설계에서 의사소통이 완결되려면 어느 결정에 대해서든 그에 대한 합리적 대안들도 항상 제시해야 한다. 의사소통의 전체과정은 설계자 및 그의 결정에 대한 신뢰도를 검증하게 해 주기 때문이다.

### 6) 도덕성 및 안정성 측면에서의 설계

일반인이 사용하는 모든 제품에 대해 설계자는 자원절약과 아울러 공공안전의 책임과 환경의 문제도 있다. 일반 대중은 제품에 이미 훌륭한 엔지니어링 기술이 적용되었고 합리적이며 적절한 모든 안전대책이 강구된 것으로 믿는다. 때로는 사용자 또는 고객이 공공자원의 낭비나 안전에 위험성이 있는 기능을 제품에 요구할 때 책임 있는 설계자라면 사용자의 희망사항을 따르지 않아도 되도록 이들을 설득해야 한다. 물론 우수한 설계자는 안전이나 자원절략에 손상을 주지 않으면서도 사용자를 만족시킬 수 있는 창의적 방법을 발견할 수도 있다.

이러한 측면에서의 설계를 고려한 최적 공학설계의 결정은 [그림 1-1]에서 나타내었다.

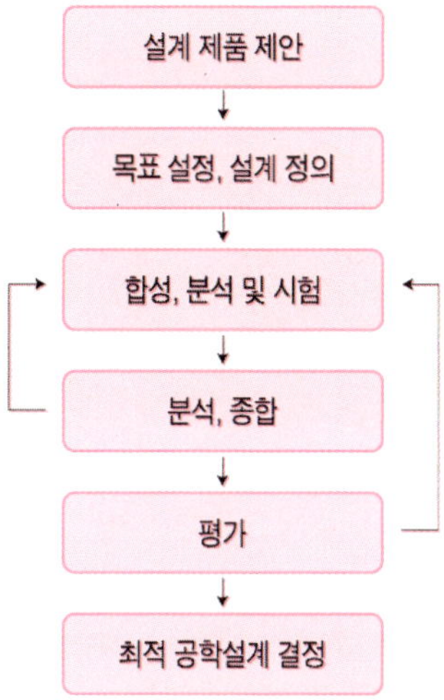


【그림 1-1】 최적 공학설계 결정 과정

## 1.2 공학자의 역할과 능력

공학자란, 이를 체계적으로 미국 공학기술인증위원회(ABET : Accreditation Board for Engineering and Technology)에서는 공학자에 대한 표현으로 'A professional who uses a knowledge of advanced mathematics, nature sciences gained by higher education, experience, and practice and is devoted primarily to the creation of new technology for the benefit of humanity'로 서술하고 있다. 즉 '인류의 이익을 위해 일차적으로 새로운 기술의 창의에 헌신하고, 높은 교육, 경험과 실무에 의해 얻어진 수학과 자연과학의 지식을 이용하는 직업을 가진 사람'으로 직역할 수 있다.

### 1.2.1 공학자의 역할

공학자의 역할은 기술적 효율을 고려하여 제한된 자원을 사용하여 최적의 방안을 도출해 내는 공학적 활동으로 다음과 같이 다양한 역할을 한다.

① **연구**(research) : 자연현상에 대해 새로운 사실을 발견하고 이해하며, 발견의 잠재적인

응용 가능성을 파악한다. 현존하는 지식의 영역을 넘어서 탐구해야 할 경우도 있다.

② **설계**(design) : 과학적 발견은 설계에 의해서 개발용 작동 모델로 변환될 수 있으며, 개발 모델을 장치 또는 생산품으로 변형시키는 데 있어서 필수적 역할을 한다. 또한 설계는 연구실과 실제 응용 사이의 틈을 연계시키는데, 이 과정에서 재료, 생산설비, 기술수준, 경제적 고려 등의 제약조건을 고려할 필요가 있다.

③ **개발**(development) : 새로 발견된 과학 원리를 대상으로 실질적인 응용에 목표를 둔 활동을 의미한다. 발견된 원리 자체 또는 그 응용의 작동 모델과 관련되는 장치나 과정을 설계한다. 연구와 개발을 동일한 엔지니어 집단이 수행하는 경우가 많다.

④ **생산**(production) : 설계의 대량 생산을 위해서 생산 라인을 감독하고, 생산 계획 수립 및 실행을 확인한다. 기계 가동, 작업자 활동 점검, 품질관리 등을 파악하며, 생산 관련 인력을 감독하고 지휘한다.

⑤ **운용**(operation) : 복잡하고 방대한 설비의 작동과 생산/사무 작업자에게 적합한 작업환경을 제공하는 데 책임을 진다.

⑥ **시험**(testing) : 시험은 연구, 개발, 생산 등의 모든 단계에서 수행되는 중요한 활동으로, 시험 프로그램을 계획하고, 시험 결과자료를 수집하며, 자료 분석으로 결론을 도출한다. 제조나 건설 활동 중에는 품질보증 활동을 한다.

⑦ **건설**(construction) : 건물, 공장, 교량, 도로 등 큰 구조물을 설계하고 건설한다. 건설 고객이 제시한 프로젝트 명세서를 평가한다. 프로젝트 엔지니어는 전반적인 책임과 감독권을 부여받으며, 상세 기술명세서를 준비하고 이 계획에 따른 프로젝트 완성의 책임을 진다.

⑧ **교육**(academe) : 대학 교수진의 구성원이 되려면 전문 영역의 지식뿐만 아니라 교수법, 학생에 대한 관심, 의사소통 능력, 연구 능력 등이 필수적이다. 이를 위해서는 박사학위 수준의 자격을 취득해야 한다.

⑨ **컨설팅**(consulting) : 컨설턴트는 회사 또는 기관들을 대상으로 특정 프로젝트에서 정보 제공자로 활동한다. 또한 컨설턴트는 오랜 훈련과 경험을 토대로 해서 능력이 개발되며, 어려운 기술적 문제해결 능력을 갖추어야 한다.

⑩ **관리**(management) : 최근의 엔지니어 업무는 팀 접근방식이 추세이며, 강력한 리더십과 팀워크 능력이 필요하다. 이와 더불어 많은 수의 엔지니어들은 어떤 형태로든 관리에 참여하게 되는데, 연구 개발, 설계에서 특히 중요한 역할을 한다. 관리의 초점은 연구, 생산, 마케팅 등의 활동에서 회사의 전반적인 운영을 책임진다.

⑪ **판매와 마케팅**(sales and marketing) : 사용자의 요구조긴을 평가하여 기술적 · 경제적 요구조건을 만족시킬 수 있는 상품을 제공하며, 엔지니어링 기능, 작동 등을 명확히 설명한다. 회사와 고객 사이의 중요한 연계 역할을 수행한다.

⑫ **기타 역할** : 공과대학에서 배양된 분석적이고 종합적인 문제해결 능력은 다양한 직업에서 도움이 될 수 있는 견실한 토대를 마련해 준다. 그래서 근래에는 공학자들이 정책을 결정하는 고위 공무원, 특허 업무를 담당하는 변리사, 기술 문제를 다루는 판사 또는 변호사, 의공학을 다루는 의사 등으로 진출하고 있다.

### 1.2.2 공학자의 능력과 자질

공학의 영역은 시대에 따라 변한다. 원시사회의 단순한 생활양식에서는 의식주를 해결하기 위한 기본적인 요구를 해결하는 데 공학의 범위가 한정되었지만 문명의 발달과 함께 인간 생활양식이 복잡다양해지고 그에 따라 공학의 영역도 넓어졌다. 산업혁명 이후에 드디어 공학이 한 분야의 중요한 학문으로서 기틀을 잡았고, 그 후 산업사회의 발달과 함께 공학은 다양한 여러 전문분야로 분화되어 발전하였다.

과학문명이 고도로 발달되고 정보화 사회로 진입한 오늘날에는 인류의 생활양식이 과거에 시공간의 절대적 제약을 받던 시대와는 전혀 다른 디지털 통신에 의한 정보화 사회로 진입하면서 공학의 영역과 공학인의 역할이 획기적으로 변화하게 되었다. 산업사회에서는 공학인은 의례 수학과 과학 지식과 능력을 갖춰야 한다고 여겼다. 그러나 지식정보화사회에서는 정보통신과 유통기술의 획기적 발달에 따라 세계시장이 통합되고 기술 발전 주기가 빨라져서 최첨단, 최고 수준의 제품이나 서비스가 아니면 경쟁에서 도태되는 무한경쟁시장이 형성되고 있다.

기술에 대한 혁신적인 사상이 제안된 시기는 1750년부터 1900년까지 영국에 산업혁명을 불러온 중요한 사회적 변화의 시기와 일치한다. 수많은 혁신적인 공학시스템이 설계 되었으며, 이 제품들은 농업경제 기반의 국가를 산업국가로 탈바꿈시켰다. 증기동력은 주조, 섬유산업, 선박, 기차, 석탄 광산 등에서 사용되었다. 공학의 여러 분야가 좀 더 발달하고 다변화됨에 따라 공학이 더 뚜렷하게 세분화되었다. 더 나아가서 토목, 기계, 전기, 화학공학 분야별로 학회가 성립하게 되었으며, 이들 전문학회가 활발하게 움직임으로써 각 분야의 설계방법과 공학 전문 직업이 발달하게 되었다. 이러한 시대적 패러다임의 변화가 〈표 1-1〉과 〈표 1-2〉에 제품 개발 혹은 발명이 현재 인류에게 미치는 영향을 나타내었다.

〈표 1-1〉은 한국공학한림원서 선정한 세계를 바꾼 공학기술 20가지를 나열하였다. 물론 IT의 문화로 바뀐 결과의 근원은 미국의 벨연구소에서 1948년 가을에 쇼클리, 바딘, 브레테인 등이 오늘날의 트랜지스터를 발명한 결과를 발표할 때 모든 특허권도 포기한다는 말도 하였으며, 길비가 1958년 몇 개의 트랜지스터를 한 칩에 넣은 기술인 집적회로화 기술을 개발함으로써 IC가 상용화되었으며, 소형 컴퓨터를 만들 수 있었고, 그 결과 1968년 7월 아폴로 11호가 달까지 갈 수 있는 원동력이 되었다. 그 후 1970년 마이크로프로세서가 설계 제작되어 획기적으로 개인용 컴퓨터 시대가 열렸고, 아날로그 시대에서 디지털 시대로 변화하였다.

**〈표 1-1〉 한국공학한림원서 선정한 세계를 바꾼 공학기술 20가지**

| | | | | |
|---|---|---|---|---|
| 종이 | 나침의 | 렌즈 | 인쇄술 | 화약 |
| 기계시계 | 백신 | 철도 | 직조기 | 현수교 |
| 사진 | 전기 | 석유 | 자동차 | 무선통신 |
| 합성약 | 제트엔진과 로켓 | 핵폭탄 | 에니악 컴퓨터 | 중합효소연쇄반응 |

이러한 환경에서 공학자가 사회에서 필요로 하는 유능한 공학자가 되기 위해서는 자신이 접하는 문제를 해결하는 능력을 가져야 한다. 이를 위해 공과대학 재학생들은 전문지식과 더불어 다음과 같은 여러 덕목들을 배양해서 갖출 필요가 있다. 이런 환경에서 필요한 것이 아래 사항들이다.

- 다양한 문제들을 해결하기 위한 기본적 공학 원리 파악
- 새로운 업무나 생소한 분야의 지식 습득과 적극적인 도전 정신
- 미래를 위한 폭넓은 자기개발의 필요성 인식
- 평생 교육을 통해 공학적 지식의 지속적인 발전과 유지
- 바른 가치관으로 봉사하고, 윤리적 기준에서 행동하는 직업의식
- 폭넓고 체계적인 독서와 다양한 경험을 통한 타 분야의 지식 수용
- 경영자적 사고를 위해 사고 폭을 넓히고 안목 구비
- 폭넓은 인간관계의 개발과 유지
- 기업의 이익 구도 인식과 제품을 판매할 수 있는 영업인
- 고객의 입장에서 생각
- 회사가 내 것이라는 책임의식

〈표 1-2〉 **최근의 주요 발명품과 사례**

| 발명품 | 연대 | 변화 |
|---|---|---|
| 트랜지스터, 집적회로 | 1950 | 진공관 대체, 소형, 저가, 고속화 |
| 트랜지스터 전자제품 | 1960 | 가전분야 주도권이 미국에서 일본으로 |
| 볼펜 | 1960 | 만년필 선호도 급감 |
| 전자시계 | 1970 | 태엽시계 주도권 스위스에서 일본으로 주도권 |
| 소품종 대량생산 | 1980 | 원가절감 |
| 다품종 소량생산 | 1990 | 소비자 요구 부응 |
| PC의 대량보급 | 1990 | 타자기 수요 감소 |
| 휴대폰 | 1990 | 공중전화 효용성 급감 |
| 디지털 카메라 | 2000 | 필름 카메라 도태, 영상처리 발달 |
| 인터넷 통신 | 2000 | 편지가 사라지고 전자메일, 메신저로 대체 |
| TV 홈쇼핑, 인터넷 쇼핑 | 2000 | 재래시장 감소 및 위축 |
| 디지털 LCD TV | 2000 | 안방극장, 영상문화 발달 |

공학교육인증에서는 이러한 시대적 패러다임에 부응한 교육을 지표로 삼아서 아래 세 가지에 기준을 두고 있다는 데 주목할 필요가 있다.

- 수요자 중심의 교육 : 이수한 학생이 '무엇을 할 수 있는가?'
- 성과중심의 교육
- 교육의 국제표준화

이러한 세 가지 지표 달성을 위해서 학습성과 12가지를 한국공학인증위원회에서 결정하였다. 학습성과 중에서 비기술적 자질 항목에 제시된 것들은 산업사회의 전통적 엔지니어들에게는 요구되지 않았으며, 지식정보화사회의 엔지니어에게 요구되는 새로운 소양들이다. 이러한 소양과 능력들은 공학문제의 창의적인 해결을 위한 종합적 사고를 필요로 하는 능력들이다. 또한 공학전공 관련 능력도 단순한 이론 능력보다는 공학문제 해결과 설계 능력을 중시하고 있음을 알 수 있다. 이러한 문제해결과 설계 능력은 창의성이 필수적으로 요구되는 분야이다. 따라서 새 시대의 공학인으로서 꼭 갖추어야 할 소양으로서 창의성의 중요성은 점점 더 커지고 있다고 할 수 있다. 그런데 지금까지 우리나라의 교육은 지식 위주의 교육에 치중하고 창의력 배양교육은 잘 이루어지지 못하고 있었다는 것이 산업체 조사결과에 잘 나타나고 있다.

이러한 환경에서는 공학인에게 수학과 과학에 능한 분석적 사고능력만 요구하지 않으며, 순차적 사고 능력, 총체적 사고 능력, 팀워크 능력, 창의력 등을 포함하는 총체적인 사고능력이 모두 요구되고 있다.

이에 따라 1997년 미국 공학기술인증위원회(ABET: Accreditation Board for Engineering and Technology, 1997)에서 대학의 공학교육과정 인증기준으로 채택한 ABET 기준 2000에서는 대학의 공학 교육을 이수한 학생들이 갖추어야 할 능력과 소양으로서 공학전공 관련 지식과 아울러 종합적인 문제해결 능력을 포함하는 11가지 학습성과(student outcomes)를 제시하였다. 이는 산업사회에서의 요구조건을 좀 더 구체화하여 공학교육에 적용한 것이 미국공학기술인증위원회의 요구사항인, 즉 학습성과라 하는 내용으로 11가지 학습성과가 결정되었다.

한국공학교육인증위원회(ABEEK : Accreditation Board for Engineering Education of Korea)에서는 미국공학기술인증위원회의 학습성과에 우리나라 상황을 고려하여 한 항목을 더 추가한 우리나라의 공과대학을 졸업하는 학생이 갖추어야 할 12가지 능력과 자질을 제시하고 있다.

이를 분류하면 기술적 자질 5가지(1~5)와 비기술적 자질 7가지(6~12)로 구성되어 있다. 그 내용은 다음과 같으며 여기에는 한국공학인증위원회 인증기준에서 채택한 학습성과(KEC 2005 : 2005년 신인증 기준)인데, 대학의 공학교육을 이수한 학생들이 갖추어야 할 능력과 소양으로서 공학전공 관련 지식과 아울러 종합적인 문제해결 능력을 포함하며 학생이 졸업시점에 갖추어야 할 자질의 기준을 제시하였다.

① 수학, 기초과학, 공학의 지식과 정보기술을 응용할 수 있는 능력
② 자료를 이해하고 분석할 수 있는 능력 및 실험을 계획하고 수행할 수 있는 능력
③ 현실적 제한조건을 반영하여 시스템, 요소, 공정을 설계할 수 있는 능력
④ 공학 문제들을 인식하며, 이를 공식화하고 해결할 수 있는 능력
⑤ 공학 실무에 필요한 기술, 방법, 도구들을 사용할 수 있는 능력
⑥ 복합학제적 팀의 한 구성원의 역할을 해낼 수 있는 능력
⑦ 효율적으로 의사를 전달할 수 있는 능력
⑧ 평생교육의 필요성에 대한 인식과 이에 능동적으로 참여할 수 있는 능력
⑨ 공학적 해결방안이 세계적 · 경제적 · 환경적 · 사회적 상황에 끼치는 영향을 이해할 수 있는 폭넓은 지식
⑩ 시사적 논점들에 대한 기본 지식
⑪ 직업적 · 도덕적인 책임에 대한 인식
⑫ 세계문화에 대한 이해와 국제적으로 협동할 수 있는 능력

## 1.3 공학인증에서의 공학설계

공학설계에 대한 미국의 공학기술인증위원회의 정의는 'Engineering design is the process of devising a system, component, or process to meet desired needs. It is a decision making process(after iterative), in which the basic science, mathematics, and engineering sciences are applied to convert resources optimally to meet a stated objective'이다. 이는 '공학설계란 필요한 것을 만들기 위해 시스템, 요소, 프로세스를 고안

하는 과정이다. 즉, 기초과학, 수학, 공학을 적용해 자원을 명시된 목표에 부합하도록 가공하는 의사결정 과정이다'라고 서술하고 있다.

### 1.3.1 교과목의 설계

수학과 과학의 원리의 응용으로 공학이 발전되고, 이로써 삶의 욕구의 충족과 부족에서 관련된 문제가 공학적 문제이고, 문제의 해결사가 공학도 과정을 수료한 사람으로, 이를 위해 창의적인 설계 능력을 갖게 하는 시스템적인 공학도 양성이 요구되며, 이를 위해 설계가 교과목에서 기초설계, 요소설계, 이들을 종합한 종합설계과목의 체계도가 필요하다. 이 내용을 학생이 교과목에서 설계에 대한 훈련으로 실제 응용에 필요한 설계를 용이하게 할 수 있을 것이다.

이를 위해 전 세계가 성과 중심과 동일전공 프로그램 사이에 국제적으로 동일한 품질보증을 할 수 있는 공학교육이 필요하며, 이런 국제화된 공학교육 프로그램이 공학인증교육이다. 이를 위한 시스템은 교과목에는 교과영역과 비교과영역으로 크게 나누며, 교과영역에는 전문교양, MSC, 전공, 설계 과목들을 요구하고 있으며, 설계에는 설계입문에서 부터 요소설계와 종합설계로 명시하고 있다.

설계 교과목에서 설계 내용이 ① 개방형 문제(open-ended problem), 즉 다수의 결론이 존재하는 문제, ② 의사소통(communication skill), ③ 팀워크(teamwork) 활동 등을 포함하고 있어야 하며, 이를 구체화 할 공학설계 구성요소와 제한조건들을 정의하고 있다.

#### 1) 개방형 문제

개방형 문제(open-ended problem), 즉 다수의 결론이 존재하는 문제로서 의미는 정확히 조건이 정의되지 않아 이해될 수 없고, 애매하여 하나의 정답을 찾아낼 수 없는 문제로 여러 개의 해가 가능하다. 쉽게 설명하면 수학적으로는 간단한 연립방정식 풀이에서 방정식은 2개인데, 미지수가 2개이면 답을 쉽게 구하는데, 미지수가 3개 상황에서 이 미지수를 구하는 문제가 어떤 값을 대입할 때마다 미지수의 값이 입력의 미지수 결정값에 따라서 각각 다르게 값이 되는데, 이런 의미로 설계를 해석할 수 있다.

### 2) 의사소통

의사소통(communication skill)은 엔지니어가 갖추어야 할 매우 중요한 능력으로 내가 전달하고자 하는 의도를 개인 혹은 다수의 상대에게 정확하게 전달할 수 있는 능력을 말하며, 이를 위해 도구가 필요하다. 창의적 문제해결 과정에서 팀 활동이 원활하게 이루어지려면 팀원 사이에 원활한 의사소통이 이루어져야 할 뿐만 아니라 엔지니어가 고객의 요구를 잘 파악하고 자신의 아이디어나 해결책을 표현하기 위해서는 자신의 생각을 말과 글 그리고 다양한 매체를 통하여 효과적으로 전달하고 발표할 수 있는 능력이 반드시 필요하다. 이를 위한 도구로는 발표 자료를 컴퓨터 소프트웨어를 이용하여 자신의 의도를 잘 전달하도록, 예를 들어 파워포인트 등의 툴을 이용하여 자료를 만들어 의사소통에 도움을 주는 방법이 효과적일 것이다. 공학도로써 큰 문제를 결정할 수 있는 공인의 직책에 중국, 미국, 일본 등 선진국에 비해 공학도가 사회과학 전공자보다 훨씬 수가 적은 것을 생각할 필요가 있다.

### 3) 팀워크

팀워크(teamwork)는 팀 구성원들이 공동의 목표를 달성하기 위해 맡은 역할에 따라 책임을 다하고 협력적으로 협동 작업을 수행하는 것을 말한다. 구성원들은 각자 지니고 있는 다양한 지식과 경험과 능력에 알맞은 임무와 역할을 유기적으로 수행하여 문제해결의 효율을 극대화 한다. 또 좋은 팀이 되기 위해서는 팀의 목적을 달성하기에 충분한 기술과 재능을 가지고 있는 사람들로 구성되어야 하고, 구성원들의 능력을 효과적으로 발휘할 수 있는 좋은 팀워크가 있어야 한다. 팀워크의 장점은 다양한 지식과 능력과 경험을 지닌 팀원들의 능력이 문제해결에 시너지 효과를 발휘하여 창의성을 증폭하며, 도전 정신과 용기를 북돋아서 개인이 성취할 수 없는 목표를 달성할 수 있게 한다.

설계 교과목에서 설계 시에 고려해야 할 조건으로 구성요소와 제한요소의 항목들을 고려하여 설계를 하여야 한다.

공학설계 구성요소는

- 설계목표 설정

- 합성
- 분석
- 제작
- 시험
- 평가 등이다.

설계 경험(Design Experience)에 비추어 현실적인 제한조건으로는

- 원가
- 안전성
- 신뢰성
- 미학
- 윤리성
- 사회에 미치는 영향 등이다.

## 1.4 공학과 경제성

### 1.4.1 공학이 미친 경제적 사회변화

우리나라가 1960년대까지의 농업국가에서 1970, 1980년대 공업화로 고도 경제성장의 배경에는 국민들의 교육열이 크게 작용하였고, 그 중에서 대학의 양적 팽창이 산업과 맞아떨어지면서 우리나라가 공업대국으로 발전하는 기반이 되었다. 1990년대, 2000년대에는 정치적 · 사회적 안정으로 산업이 고부가가치 산업으로 재편되면서, 제품에서도 세계 1위 제품들이 IT, 조선 등을 포함하여 작년 말 148개 품목이 있으며, 세계 무역 11위의 대국으로 최근 수출 3,000억 불을 돌파하였다.

그 중에서 공학의 발전에 많은 노력을 국가가 주도적으로 하였으며, 공학 발전은 경제의 성장과 불가분의 관계를 가지고 있다. 특히 우리나라처럼 수출주도형 산업구조를 유지하는 나라에서는 생산성과 부가가치 향상을 끊임없이 달성하고 공학기술 혁신을 이끌어 나가야 할 유능한 공학자의 양성은 경제 발전의 가장 중요한 선결 과제이다.

공학도로서 제품의 설계, 제조, 생산, 시험 및 검사 과정에 많은 관심이 있으며, 또한 현장에서 많은 일을 하지만 막상 제품이 돈과 연관된 소비자 중심에서 고려할 때는 미숙한 부분이 너무나 많다. 따라서 공학과 경제의 관련성을 연관하여 공학에 관련된 제품에서 공학자가 알아야 할 경제적 분석이 필요하다.

공학자의 임무는 제한된 자원을 사용하는 가운데 최적 방안을 도출해 내야 하므로 모든 공학적 활동은 기술적 효율도 중요하지만 경제적 효율도 최대화시켜야 한다. 이를 위해 공학자가 당면하는 환경은 먼저 기술적 환경이고 그 다음이 경제적 환경이다. 공학적 제안 하에서 기술적 환경에서는 기술적 법칙을 적용하고, 동시에 수요의 욕구 충족을 위해서 경제적 타당성을 검토하여 최종적으로 제품 또는 서비스를 생산한다. 이 결과, 시대별로 좋은 발명품들이 나오면서 우리의 문화도 많이 바뀌게 만들었다.

기술적 환경에서 적용되는 기술적 법칙은 확실하고 질서정연하면서 공학자에게는 매우 친숙하다. 반면에 경제적 환경에서 적용되는 경제적 법칙은 인간의 활동을 다루기 때문에 복잡하며 불확실한 면이 많다. 학문의 특성상 공학자는 친숙한 기술적 법칙에 치중하기가 쉽고, 경제적 법칙은 소홀히 취급하기가 다분하다. 공학자가 기술적 법칙만 고려하고 경제적 법칙을 소홀히 하게 되면 자칫 수요자가 적은 제품이 될 우려가 있을 것이며, 경제성을 너무 강조하면 실용성이 결여되기 때문에 기술적 측면의 고려뿐만 아니라 경제적 측면의 고려 또한 공학자로서의 맡은바 책임이라는 것을 명심해야 할 것이다. [그림 1-2]는 공학적 제안에서 제품생산까지 기술적 · 경제적 활동을 고려한 환경과 법칙을 나타내고 있다.

첨단기술을 겸비한 고도의 산업사회로 발전하는 오늘날 공학자의 경영 활동 참여 비중이 점점 높아지는 추세이다. 국내에서도 대그룹 계열회사 중에서 특히 삼성전자, LG전자, 하이닉스 등 굴지의 회사에서는 대학에서의 전공분야와 동일한 업종에서 기술적으로도 성공을 하였으며, 관리자로도 성공을 하였고, 경영자로도 전 분야에서 공학도 출신이 대부분의 경영인으로 구성되어 발전을 지속적으로 하고 있다. 통계를 보면, 미국에서 이공계대학 출신자로서 경영과 행정능력이 필요한 부서의 업무에 종사하는 비율이 최근 거의 절반이라는 통계자료가 있으며, 즉, 과학 기술자 두 사람 중 한 사람은 경영과 행정업무를 수행하고 있다.

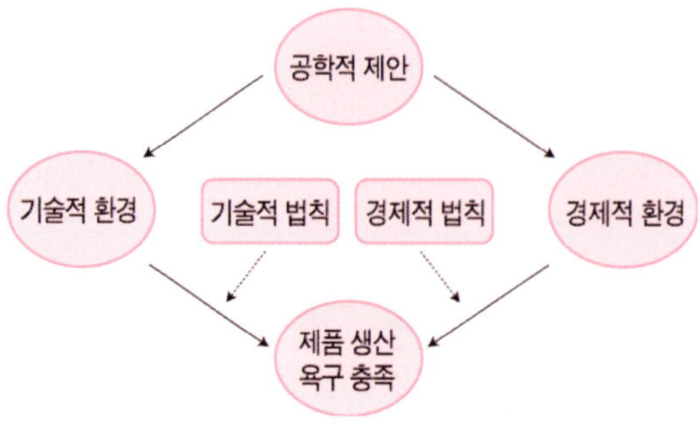


【그림 1-2】 기술적 · 경제적 활동법칙 고려한 제품생산

공학자에 대한 이미지가 정치가, 사업가, 행정가 등의 다른 여러 분야의 전문가에 비해 낮게 평가되기도 하는 점을 개선할 뿐만 아니라 수행하는 역할에 버금가는 인정을 받기 위해서는 경영과 행정, 경제들과 관련된 소양을 갖추는 노력이 반드시 필요하다. 공학적 결과를 도출하는 과정에서 경제적, 사회적 측면에 관심을 충분하게 고려하지 못하면 사회 리더가 될 수 없다는 점을 깨닫고 공과대학의 교과과정에서 기술적 능력개발뿐만 아니라 경제적 분석능력도 고려하여야 할 것이며, 이를 위해 한국공학인증위원회 인증 규정에도 이를 고려하고 있다.

### 1.4.2 경제성 분석

제품의 최종원가는 대개의 경우 그 제품의 시장에서의 성공에 가장 중요한 영향을 미치는 요인이다. 제품원가는 다음 사항에 의존한다. 제품설계, 개념설계, 제조, 재료 등이다.

설계 프로젝트에서는 경제성 분석을 해야 한다. 성공에 결정적 영향을 미치는 것은 제품의 최종가격이기 때문에 원가 분석은 다른 공학 교과목에서 자주 행해지지 않지만 실제로는 어느 산업체에서나 중요한 활동이다. 기술적인 것과 상업적인 것이 만나는 영역에서 원가에 대한 경험은 전문인으로서의 삶에 값진 경험을 제공할 것이다.

원가 분석은 한 기업에 의해 행해진 설계과정의 승패를 가늠 할 수 있게 해주는 척도를 제공해 준다. 제품의 최종원가는 반복적이며, 다른 분야를 통합하는 설계 과정의 특성 때문에 ① 재료, ② 개념설계, ③ 제품설계, ④ 제조의 4가지 요소에 의해 결정된다.

### 1.4.3 공학자와 경제적 의사결정

공학설계 과정은 경제적인 비용을 고려하여 다음 과정을 거친다.

제품 제안 → 설계 프로젝트 목표 설정 → 설계대안 결정 → 제품제조 비용 추정 → 간접경비 문제 추정 → 제품원가 결정 → 설계 최적안 결정

공학설계 과정중 경제성 분석은 예상되는 제품 제조비용의 추정과 관련되는데, 이 단계에서 사용하는 경제성 타당성 검토는 시장조사, 시장에서의 편입비용 분석 등이 있으며,

공학자가 내리는 의사결정은 크게 기술적 의사결정과 경제적 의사결정으로 나눌 수 있고, 기술적 의사결정은 먼저 대안의 최적설계 결정을 위해서 수학과 과학지식을 응용해서 공학적으로 판단하고, 기술적인 발전을 동일한 것으로 간주할 때, 시간 경과에 따라 의사결정은 변동 없는 전제 하에서 결정 방법이다. 경제적 의사결정 방법으로는 대안의 투자가치 측정을 위해서, 제품 판매량, 가격, 여러 비용에 대한 예측활동이 필요하다. 주의할 점으로 예측치는 항상 부정확하며, 미래 어느 시점에 다시 예측하면 현재의 예측치는 변동이 예상되는데, 여기서, 경제적 의사결정은 예측자료에 대한 불확실성을 충분히 고려해서 한다.

공학도가 내리는 의사결정 가운데 자본 지출과 대규모 공학적 프로젝트에 관한 경제적 의사결정에 대하여 알아보자.

- 공학자는 자본지출에 관한 의사결정을 한다. 즉 제조 과정에서 제품생산에 관한 세부사항 결정에 참여하여 각각의 과정에서 내리는 공학적 의사결정은 생산비용의 대부분을 차지하는 결정이다.
- 공학자는 제품설계와 제조에 대한 경제성 투자 계획을 수립한다. 즉 장비 등 고정자산을 구매하는 경우에 발생되는 현금 흐름의 추정을 파악한 필요가 있다.
- 미래예측의 자본지출에 관한 의사결정을 한다. 즉 미래 예측의 추정이 부정확하면 기업의 큰 손실을 끼치게 되므로 투자가 과다하면 불필요한 비용이 과다발생 되며, 투자가 부족하면 시장 경쟁력이 약화될 수 있다.
- 대규모 공학적 프로젝트에 대한 의사결정을 한다. 이는 장기간 현금 흐름이 있기에 시장 정확한 수요 예측이 곤란하기 때문에 의사결정 과정은 규모의 차이만 있을 뿐

일반적인 과정에 의거한다.

- 공학자는 공학적 프로젝트가 재무제표에 미치는 영향을 고려해야 한다. 즉 이는 공학자가 해당기업의 사업 환경을 잘 이해를 해야 하며 기업의 가치상승에 목표를 두어야 한다.

### 1.4.4 제품 생산 비용

설계과정에서 재료, 모양, 비용, 개발기간, 시장상황 등 대부분이 결정되며, 생산과 조립단계에서는 비용절감의 여지가 극히 적다. 따라서 설계초기 단계에서 비용예측을 시작하는 것이 좋으며, 설계가 구체화함에 따라 비용예측도 정밀해야 하며, 이 때 제품생산 비용예측은 대단히 중요하다.

이를 예측하는 기준은 직접비-간접비, 순환-비순환 비용, 고정-유동비용 등의 개념을 사용한다.

#### 1) 직접비와 간접비

- 직접비는 생산원가, 혹은 부품에 직접 관여된 비용으로 재료비, 노무비, 구입비, 공구비용 등이 있다.
- 간접비는 제품에 직접 부과할 수 없는 비용으로 전체공장 운영에 연관이 되는 비용이고, 간접재료비, 간접노무비, 기계 및 건물의 감가상각비, 기계 및 건물의 유지 보수비, 세금 및 공장의 일반관리비 등이 이에 해당한다.

#### 2) 순환비용과 비순환 비용

- 순환 비용은 제조운영에 직접적인 관련을 갖는 비용이다.
- 비순환 비용은 단발성 비용을 공장건설, 제조장비 등 고정 자본과 관련된 비용이다.

#### 3) 고정 비용과 유동 비용

- 고정비용은 고정적 비용으로 투자비용, 간접비, 경영비용, 판매비용 등이며, 설계 과정

에서 의사결정에는 영향을 못 미치는 비용이다.

- 유동 비용은 판매량에 따라 좌우되는 비용으로 재료비, 직접노무비, 유지 보수비, 전기 및 수도 요금, 품질 관리요원 인건비, 포장 및 보관료, 지적소유권 지불비용, 손상 및 변질에 따른 손실금 등이다.

## 연습문제

| 학 과 | 학 번 | 이 름 |
|---|---|---|
| | | |

1.1-1 공학과 과학의 차이점을 요약하시오.

1.1-2 공학설계를 요약하시오.

1.2-1 공학자의 역학을 분류하여 설명하시오.

1.2-2 세계를 변화시킨 공학 기술 20가지를 나열하시오.

1.2-3 최근 주요 공학적 발명품 사례를 열거하고, 사회에 미친 변화를 설명하시오.

1.2-4 2000년대 이전과 이후로 나누어 설계 산출물(공학적 기술 혁신)이 패러다임을 변환시킨 사례를 5가지 이상 나열하시오.

1.3-1 공학인증 교육에서의 교과목 공학설계의 내용 3가지를 설명하시오.

1.3-2 공학인증 교육에서 교과목 공학설계의 구성요소와 제한요소를 설명하시오.

# 제2장

# 팀워크

정보화 지식사회의 발달로 다양한 기능을 가지는 디지털 복합제품이 많이 등장하고 있고 세계화와 자유무역의 강화로 국가 간 경쟁이 더욱 치열해지고 있다. 이러한 환경의 변화에 적절히 대응하기 위해서는 다양한 생각을 가진 사람들로 팀을 구성하여야 하고 팀 구성원간의 원활한 업무 조정과 변화에 빠르게 대응할 수 있는 팀워크가 절실히 요구된다.

## 2.1 팀 활동과 팀 기술

사회가 복잡하고 다양해짐에 따라 단순한 일보다 복잡한 형태의 일이 많아지고 있다. 단순히 개인 혼자의 지식이나 능력만으로 일을 수행하기에는 어렵기 때문에 여러 명이 힘을 합쳐 일을 수행하는 것이 더 보편화되고 있다. 물론 혼자서 일을 처리하는 것이 더 익숙한 사람들이 많겠지만 이제는 자기의 능력뿐만 아니라 팀 구성원으로서 자기가 맡은 일을 효과적으로 수행할 수 있는 능력도 중요하게 되었다.

팀(team)이란 서로 다른 생각이나 능력을 가진 구성원들이 공동의 목표를 달성하기 위해 책임을 공유하고 공동의 접근 방법을 사용하는 조직 단위를 나타낸다. 팀워크(teamwork)는 팀 구성원들이 공동의 목표를 달성하기 위해 맡은 역할에 따라 책임을 다하고 협력적으로 행동하는 것을 말한다. 좋은 팀이 되기 위해서는 팀의 목적을 달성하기에 충분한 기술과 재능을 가지고 있는 사람들로 구성되어야 하고 구성원들의 능력을 효과적으로 발휘할 수 있는 좋은 팀워크가 있어야 한다.

최근 들어 기업의 입사시험에서도 팀 단위로 제시된 문제를 통해 팀원들이 어떻게 효과적으로 문제를 해결하는 지에 대한 평가 비중이 점점 증가하고 있다. 기업이 팀원으로서의 능력을 중요시하는 이유는 개인 혼자서 수행하는 업무가 제한되어 있고 아무리 개인이 우수한 능력이 가지고 있어도 팀 업무 수행에서 자기 역량을 충분히 발휘하지 못하는 사람이 많기 때문이다. 팀이 모두 능력 있는 사람으로 구성될지라도 팀 활동에서 개인의 능력을 충분히 발휘하지 못하는 경우가 많다. 이는 팀워크를 위해서는 어느 정도 자기를 희생하는 자세가 필요하다는 것을 충분히 인식하고 있지 못하기 때문이다. 팀 구성원으로서 필요한 역량을 수행하기 위해서는 먼저 팀워크를 높이기 위해 필요한 교육을 받는 것이 필요하다.

성공적인 팀 활동을 위해서는 구성원들이 서로 존중해야 하고 능력을 발휘할 수 있는 기회가 공평하게 주어져야 한다. 팀의 목표는 구성원들이 공감할 때까지 충분히 토론하여야 하고 누구나 이해할 수 있도록 명확하게 설정되어야 한다. 팀의 의사결정에는 모든 구성원들이 동등하게 참여하여야 하고 공평한 업무 분담이 이루어져야 한다. 팀 활동에 대한 자유로운 토론과 건설적인 비판이나 부정적인 의견까지 수용할 수 있는 팀 분위기를 만들어야 한다.

### 2.1.1 팀 활동의 장단점

개인이 해결하기 어려운 문제도 다른 사람과 의견을 교환하다 보면 좋은 해결책이 떠오르는 경우가 있다. 개인의 틀에 박힌 사고에서 나온 아이디어보다 전문 지식을 지니지 않은 사람의 자유로운 생각이 종종 더 나은 아이디어를 얻는 실마리가 되기도 한다. 이와 같이 팀의 장점으로는 팀 구성원 간의 자유로운 사고의 상호작용으로 더 많은 아이디어를 창출할 수 있다는 점이다. 목표와 업무가 불명확한 프로젝트의 초기 단계에서는 비록 의견 수렴을 위해 시간이 많이 소모된다고 할지라도 팀 단위 활동이 매우 효과적이다.

또 다른 팀 활동의 장점은 문제해결에 이용할 수 있는 정보와 축적된 경험의 양이다. 오늘날의 문제는 매우 복잡하고 다양하기 때문에 어느 한 개인이 발생한 문제들을 모두 이해하고 문제해결에 필요한 모든 자료를 분석하여 해결책을 제시할 수 없다. 그래서 문제해결을 위해 팀이 필요하며 다양한 능력과 생각을 가진 구성원들은 편견에 의해 생긴 문제점을 보완할 것이고 문제에 더 적절한 판단을 내리게 한다.

팀 활동은 많은 장점을 가지고 있는 반면에 구성원간의 원활하지 못한 의사소통은 팀 활동을 많이 위축시키게 된다. 팀 활동의 장점은 일부 팀원만이 누리고 팀을 위해 서로 희생하지 않으려고 한다면 서로 간에 불만은 더욱 쌓이게 된다. 〈표 2-1〉과 〈표 2-2〉는 팀 활동의 장점과 단점을 나타낸 것이다(창의적 문제해결과 공학사례, 파워북, 2000 인용). 효율적인 팀 활동을 위해 장점은 최대로 하고 단점은 최소화하도록 팀 구성원들은 노력해야 한다.

〈표 2-1〉 팀 활동의 장점

| |
|---|
| ① 서로 다른 전문성과 사고능력을 갖춘 팀 구성원들로부터 문제해결을 위해 더 많은 종류의 지식을 이용할 수 있다.<br>② 구성원들 간에 서로 긴밀히 협조하게 하여 아이디어는 더욱 창의적이고 더 나은 해결책에 도달하도록 한다.<br>③ 어느 특별한 문제에 최선의 해결책이 있다면, 팀을 통해 그 해결책을 발견할 가능성이 높다. 팀은 기회포착과 더 큰 모험을 감행하는 장점이 있다(따라서 혁신을 일으킬 가능성을 증가시킨다.)<br>④ 일반적으로 문제해결과 결정과정에 참여한 구성원들의 해결책은 어느 개인이 도출한 해결책보다 구성원들이 더 흔쾌히 받아들인다.<br>⑤ 팀 구성원들 간에 서로 배울 수 있다. |

〈표 2-2〉 팀 활동의 단점

| |
|---|
| ① 문제해결뿐만 아니라 팀 개발을 위한 노력과 전체 팀원의 참여 시간이 필요하기 때문에 많은 투자가 필요하다.<br>② 일반적으로, 팀에 의한 처리방식은 많은 아이디어를 창출하기는 하지만 그것들 중 몇 개만이 정말로 좋은 해결책이므로 효율이 낮다.<br>③ 그룹이나 팀을 형성하는 구성원이 다른 구성원과 잘 어울리지 못할 수도 있다. 해결되지 않는 분쟁, 부정적 감정, 때로는 적대감 등으로 인해 팀 구성원들이 다양성에 대한 가치를 인정하기 않거나 창의적인 윈-윈(win-win)결과를 개발하지 않는 한 팀의 창의적 아이디어를 감소시킬 수 있다.<br>④ 팀은 '그룹사고' 현상에 빠질 수 있다. 그룹은 극도의 동질감을 보이거나 동료 간의 압박감을 느낄 수 있다. 독립적인 아이디어가 용납되지 않고 그룹 구성원들은 리더나 지시자들을 두려워하게 될 수 있다. |

### 2.1.2 팀 기술

팀이 목표를 달성하려면 팀 구성원들의 능력을 최대한 극대화하여야 한다. 개인적으로 능력 있는 사람도 팀 활동에서 능력을 제대로 발휘하지 못하는 경우가 있는데 이는 팀 활동에서 필요한 팀 기술이 부족하기 때문이다. 〈표 2-3〉은 팀 활동을 위해 필요한 8가지 팀 기술을 나타낸 것이다. 팀 구성원들은 8가지의 팀 기술을 얼마나 실천하고 있는지 평가하여 자신이 몰랐거나 실천의지가 부족했던 팀 기술이 있다면 앞으로의 팀 활동에서 적극적으로 향상시키는 자세가 필요하다.

〈표 2-3〉 팀 활동을 위한 8가지 팀 기술(창의적 문제해결과 공학설계, 파워북, 2000 인용)

| 기술 | 개인적 측면 | 팀에 대한 측면 |
|---|---|---|
| 적극적 활동성 | 팀 성공에 내가 개인적으로 책임을 지겠다. | 무슨 대가를 치르든 우리는 하나라는 느낌 |
| 신뢰성 | 맡은 것은 끝까지 해낸다. | 그녀가 그 일을 하겠다고 하면 믿을 수 있다. |
| 참여도 | 토의에 적극적으로 기여하고 리더와 업무 부담을 나누어 가진다. | 그녀는 항상 제시간에 회의에 참석하고 또한 공헌한다. |
| 능동적 의견청취 | 남을 이해하고 나서 이해받으려 한다. 남의 의견에 주의를 기울이며 중간에 가로막지 않는다. | 팀 구성원은 이해 받는다는 느낌을 갖게 되고 다른 관점의 생각을 듣고자 한다. |
| 지도력 | 다른 구성원들의 독특함과 장점을 인정하며 팀의 이익을 위하여 그것들을 발휘하도록 고무한다. | 팀 구성원들은 자신들의 가치를 느끼게 되며 팀을 위하여 최선을 다하게 된다. |
| 의사소통 | 개인적이거나 공개적 발표에서 명확하고 효과적인 의사소통을 한다. | 개인 간의 의사소통은 효율적이 되고 잘못 이해하는 것을 피한다. |
| 유용한 피드백 | 팀원들에 해가 될 만한 것을 재치 있게 지적하는 유용한 피드백을 존중하는 마음으로 전달한다. | 팀 구성원들은 인정받을 만한 행동에 대해 유용한 피드백을 제공한다. |
| 피드백 받아 들이기와 책임감 | 다른 구성원의 기분과 관찰사항을 내가 동의하든지 아니든지 간에 받아들이고 존중하며 주의 깊게 고려하여 변화한다. | 팀 구성원들은 피드백을 들을 수 있고 이해할 수 있으며 그들이 배우고 성장할 수 있는 환경에서 그 피드백을 이용한다. |

### 2.1.3 팀워크에 대한 오해

많은 기업들이 팀워크를 조직의 경쟁력을 높일 수 있는 핵심 요소로 여긴다. 그러나 팀워크의 의미를 제대로 이해하지 못하고 잘못된 방향으로 강조할 경우 오히려 큰 역효과를 낼 수 있다. 팀의 문제점을 알고도 팀 분위기를 해치지 않기 위해 침묵하거나 개인의 희생을 통해 팀워크를 높이려는 것은 잘못된 사고방식이다. 다음은 팀워크에 대한 5가지 오해를 나타낸 것이다(LG경제연구원 자료 인용).

### 1) 오해 1: 팀워크가 좋은 팀에는 갈등이 없다

갈등을 회피하려는 지나친 배려가 팀워크를 해칠 수 있다. 구성원들이 팀 분위기에 지나치게 얽매이게 되면 서로의 생각을 솔직하게 이야기하지 못하고 의견의 충돌을 회피하는 데 더 큰 관심을 가지게 된다. 다양한 사람이 모인 팀에서 의견의 충돌과 갈등의 해소가 끊이지 않는 것은 당연하다. 오히려 다양한 의견이 교환되고 다듬어질 때 더 나은 선택이 나올 수 있다.

### 2) 오해 2: 팀워크 향상을 위해서는 개인의 희생이 불가피하다

팀의 이익을 먼저 생각해야 한다는 논리가 개인의 특성을 무시하는 결과로 이어져 개인의 창의성이 팀의 창의성으로 연결되지 않는다. 개인의 도전 정신과 아이디어가 존중받지 못할 때 팀 구성원들은 보람과 재미를 느끼지 못하게 된다. 팀워크는 구성원들이 성취감과 자부심을 느끼고 자발적으로 헌신할 때 만들어진다.

### 3) 오해 3: 성과주의 심화가 팀워크를 해친다

성과에 따른 보상에서 개인의 기여도를 평가하는 기준이 명확하지 않고 개인 간 보상 수준의 차이가 적절하지 않을 때 이런 오해가 발생하기 쉽다. 나눠 먹기식 평가나 지나친 태도중시의 평가는 우수한 인재가 조직을 떠나게 만든다. 구성원들이 잘하는 것보다 열심히 하는 자세에만 더 큰 가치를 둔다면 알맹이 없는 팀워크가 만들어지기 쉽다.

### 4) 오해 4: 팀워크가 좋으면 팀의 성과도 좋다

팀 구성원들의 결속력이 높고 공동체 의식이 강할수록 팀은 집단 사고에 빠질 위험이 커진다. 집단 사고에 빠진 팀에서는 내부의 결정 사안을 외부에서 검증받으려 하지 않고 팀 내부에서 스스로 논리를 정당화시키고 강화해 나가려는 성향이 있다. 구성원 간 친밀한 관계는 팀워크 향상의 토대임에 틀림이 없지만 지나친 팀워크의 중시는 건전한 비판과 자유로운 토론을 어렵게 만들 수 있다.

#### 5) 오해 5 : 팀워크가 전체 조직의 성과로 직결된다

팀워크가 조직 전체보다는 팀 단위의 업무 성과를 높이는데 초섬이 맞춰져 있기 때문에 팀워크를 지나치게 강조하다 보면 필연적으로 부서 간 경쟁이 심화되고 정보의 독점과 외부에 배타적인 자세가 심해지는 폐해가 발생하기 쉽다. 조직의 목표가 고객의 요구를 제대로 반영하지 못하거나 조직의 가치관을 충실히 반영하지 못할 때 팀워크가 조직 전체의 성과로 이어지기 어렵다.

## 2.2 팀 활동규칙과 임무

### 2.2.1 팀 활동규칙

팀을 구성하여 활동하다 보면 예측하지 못한 어려움이 발생하여 시련을 당하게 되는 경우가 있다. 대부분의 시련은 팀의 목표가 명확하지 않고 팀 구성원에 대한 배려가 부족한 팀을 구성한 초기에 발생한다. 그래서 팀이 구성되면 제일 먼저 팀 활동에 대한 규칙을 정하는 것이 좋다. 팀 활동규칙은 팀 활동을 하는 과정에서 발생할 수 있는 구성원간의 갈등을 사전에 방지하고 문제가 발생하였을 때 구성원들의 의견을 효율적으로 조정하기 위해 반드시 필요하다. 팀 활동규칙은 모든 팀원들이 동의하는 사항들을 토대로 작성하며 팀을 운영하는 과정에서 필요하면 팀원들의 합의를 토대로 개정될 수 있도록 한다. 팀 활동규칙은 모든 팀원에게 공평하게 작성되어야 하며 반드시 모든 팀원들이 준수하도록 해야 한다. 〈표 2-4〉는 팀 활동규칙의 한 예이다.

〈표 2-4〉 팀 활동규칙의 예

| 우리는 팀원들의 동의에 의해 만들어진 다음 규칙들을 철저히 준수할 것을 맹세한다.<br><br>① 항상 존중과 친절로써 서로를 대한다.<br>② 합의에 의해 팀 의사결정을 내리는 데 동의한다.<br>③ 팀원들은 팀 활동과 관련된 자료들을 서로 공개하여야 하며 기밀을 요하는 자료들은 외부에 공개하지 않는다.<br>④ 모든 팀 회의에 반드시 제시간에 참석하여야 하며 부득이 늦거나 참석할 수 없을 때에는 회의 주재자에게 미리 알리는 것에 동의한다.<br>⑤ 팀 회의에서 자신의 생각을 강요하지 않으며 다른 팀원들의 의견을 최대한 경청하고 팀을 분열시키는 행동을 하지 않는 데에 동의한다.<br>⑥ 할당된 과제는 정해진 시간 내에 완성하여야 하고 만약 정해진 일정 내에 완성할 수 없으면 미리 팀장에게 알리는 것에 동의한다.<br>⑦ 팀원들은 팀의 임무를 돌아가면서 맡을 것과 매번 회의의 마지막에 다음 회의에서 맡을 임무를 결정하는 것에 동의한다. |
|---|

## 2.2.2 팀 구성원의 임무

팀 활동이 원활하려면 팀 구성원들의 역할과 책임이 명확하여야 한다. 구성원들이 맡은 역할이 명확하지 않으면 예상하지 못한 문제가 발생할 때 자기가 맡은 임무가 아니라고 팀 구성원들끼리 서로 떠넘기는 경우가 발생할 수 있다. 이런 경우 문제해결에 적절하게 대처할 수 없게 되어 필요 이상으로 시간을 소모하게 되고 팀 구성원들도 서로 감정이 상하게 되어 팀워크도 나빠지게 된다. 팀은 팀장, 서기, 촉진자, 과정 관찰자 등으로 구성되는데 팀 구성원의 수가 작은 경우 개인이 하나 이상의 임무를 맡을 수도 있다. 효율적인 팀을 위해서는 구성원들이 임무를 서로 돌아가면서 수행해보는 것이 좋다. 특정 역할에 익숙하다고 하여 그 역할만 계속 맡는 것보다 여러 역할을 골고루 수행하여 다양한 경험을 쌓는 것이 좋다. 다음은 팀 구성원들의 임무와 책임을 간단히 요약한 것이다(효율적인 회의진행 방법, 21세기북스, 1997 인용).

### 1) 팀장

팀의 대변인으로 회의를 소집하거나 경영진에게 보고하고 회의를 주재하는 역할을 한다.

- 회의를 정시에 시작해서 의사일정에 따라 회의를 진행한다(필요시에는 회의 의장이 회의를 진행한다).
- 팀 구성원들의 역할과 책임을 명확하게 하고 팀 활동규칙과 지침을 작성한다.
- 팀 회의에서 팀 구성원의 한 사람으로 참가해서 자신의 의견을 제시할 수 있다.
- 결정된 주요 사항과 행동 조치들을 요약하고 필요한 일이 제대로 실행되도록 책임을 부여하는 권한을 가진다.
- 회의 진행방법을 바꿀 수 있는 권한을 가진다.

### 2) 서기

팀 구성원의 임무 보고서를 요약하거나 팀의 결정사항을 기록하고, 할당된 임무를 열거하며 요약된 문서를 다음 회의의 의제와 함께 모든 팀 구성원들에게 보내는 일을 한다. 회의에서 논의 또는 결정된 사항을 회의록에 정확히 기록하며 이를 수시로 확인, 점검한다.

- 올바른 정보 파악이 필요할 경우에는 좀 더 분명하게 이야기하도록 요구한다.
- 임의대로 해석하지 말고 핵심 단어와 문구만을 기록한다.
- 회의 참가자 모두가 볼 수 있도록 플립차트나 화이트보드에 큰 글자로 기록한다.
- 중요 아이디어, 문구, 결정 내용, 행동 조치에 대해서는 원을 그리거나 밑줄 표시를 한다.
- 동의하지 않는다고 해서 다른 팀 구성원들의 아이디어나 문구를 삭제하지 않는다.
- 회의가 오래 계속되고 전문적인 사항을 다룬다면 구성원들에게 기록한 내용을 검토하게 한다.

### 3) 촉진자

회의 안건에 대한 팀의 초점을 유지시키고 전원의 참여를 유도한다. 토론이 격화될 때 이를 조절하며 구성원들의 의견이 침해되지 않도록 노력한다. 의견이 일치되지 않을 때에는 중립적인 입장을 유지한다. 4명 이상이 참여하는 회의에서 촉진자의 역할은 특히 효율적이다.

- 당면한 쟁점사항에 회의 참가자들이 계속적으로 집중하도록 한다.
- 참가자 전원이 참여할 수 있도록 유도하고 구성원들과 그들의 아이디어가 공격받지 않도록 보호한다.
- 토론이 격화될 때 이를 조절하고 문제를 일으키는 사람들을 다룬다.
- 의사일정 항목 각각에 배정된 시간 사용 실태를 점검한다.
- 의사일정에 제시된 절차가 제대로 작동하지 않을 경우 방법과 절차를 바꾸어서 사용하도록 제안한다.
- 의견이 일치되지 않을 때는 중립적인 입장을 취해야 한다(회의 의장과 다른 점).

### 4) 과정 관찰자

팀 회의 과정과 임무할당 과정이 얼마나 잘 진행되는지 관찰하거나 개선점을 제안함으로써 내부 감사와 같은 역할을 한다. 경험이 부족한 팀에게 이 임무가 매우 중요하며 팀 개발과 학습을 위해 가능하다면 모든 팀원들이 그 임무를 경험하도록 한다.

### 5) 회의 의장

특별한 회의 중에 의장의 역할을 담당하는 팀 구성원으로 이 구성원은 그의 전문성과 사고능력 때문에 일련의 회의를 주재하도록 한다.

팀원들이 자기가 맡은 임무에 최선을 다하고 수행한 결과에 책임을 지도록 하기 위해 〈표 2-5〉와 같이 팀원 임무 규정을 문서로 만들어 팀원들이 서명한 후 모든 팀원들이 공유하도록 한다.

〈표 2-5〉 팀원 임무 규정

| 구성원 | 주요 임무 | 책임자 | 서명 |
|---|---|---|---|
| 팀장 | | | |
| 서기 | | | |
| 촉진자 | | | |
| 과정 관찰자 | | | |
| 회의 의장 | | | |

## 2.3 팀 운영과 평가

### 2.3.1 팀 운영

팀 구성원들의 임무가 명확하게 규정되었다고 하더라도 팀 활동이 조직적이고 효율적이지 못하면 팀의 목표를 달성하기가 어렵게 된다. 우리나라 엔지니어들은 개인적인 업무 능력은 뛰어나지만 시간이 부족하다는 이유로 개인 업무를 제외한 팀 활동에는 적극적이지 못한 경우가 많다. 예를 들어 팀 회의는 정기적으로 진행하지만 팀 회의록을 매번 작성하지 않거나 회의 참석을 귀찮게 생각하여 회의에 적극적으로 참여하지 않는 사람들도 있다. 회의록을 작성하여 공유하지 않으면 회의 시간에 결정된 일부 사항들을 잊어버리거나 잘못 이해하여 맡은 임무를 기한까지 수행 못하는 경우가 발생할 수 있다.

팀 운영을 효율적으로 하기 위해서는 팀 활동 관리를 좀 더 체계적으로 하여야 한다. 생산성이 매우 높은 팀은 우연히 만들어지는 것이 아니기 때문에 팀 운영의 효율성을 높이는 새로운 방법들을 자주 시도해 보는 것이 좋다. 팀 운영에 문제가 있는데 적극적으로 대처하지 않는다면 그 팀의 효율성은 떨어질 것이고 팀의 에너지는 낭비될 것이다. 다음은 팀 운영의 효율성을 높이는 방법들이다.

- 팀원들의 책임과 임무에 관한 규정문
- 프로젝트 계획표(간트 차트 작성)
- 회의 안건

- 회의일지 또는 회의록
- 수행 임무 목록

### 1) 간트(Gant) 차트 작성

팀이 추진하는 내용별로 담당자와 추진 일정을 관리하여 추진 내용이 정상적으로 완료될 수 있도록 한다. 칸트 차트는 추진 일정을 직선으로 표시하여 추진 내용별로 어떻게 진행되는지를 쉽게 알아볼 수 있도록 한다. 〈표 2-6〉은 간트 차트의 서식 예를 나타낸다. 프로젝트 기간이 긴 경우는 분기별로 시간 일정을 작성하는 것이 좋고 프로젝트 기간이 짧은 경우에는 월별로 간트 차트를 작성하는 것이 좋다. 팀은 목표를 달성하기 위해 추진해야할 내용들을 먼저 결정하고 각 추진 내용마다 시간이 얼마나 소요되는 지를 검토한다. 그런 뒤에 각 추진 내용별로 수행 담당자를 결정하고 간트 차트를 작성한다.

〈표 2-6〉 간트 차트의 서식 예

| 번호 | 추진 내용 | 담당자 | 추진 일정(3년) | | | | | | | | | | | |
|---|---|---|---|---|---|---|---|---|---|---|---|---|---|---|
| | | | 1차년도 | | | | 2차년도 | | | | 3차년도 | | | |
| 1 | | | | | | | | | | | | | | |
| 2 | | | | | | | | | | | | | | |
| 3 | | | | | | | | | | | | | | |
| 4 | | | | | | | | | | | | | | |

| 번호 | 추진 내용 | 담당자 | 추진 일정(1년) | | | | | | | | | | | |
|---|---|---|---|---|---|---|---|---|---|---|---|---|---|---|
| | | | 1 | 2 | 3 | 4 | 5 | 6 | 7 | 8 | 9 | 10 | 11 | 12 |
| 1 | | | | | | | | | | | | | | |
| 2 | | | | | | | | | | | | | | |
| 3 | | | | | | | | | | | | | | |
| 4 | | | | | | | | | | | | | | |

### 2) 회의록 작성

서기는 팀 회의에서 결정된 내용들을 정리하여 회의록에 기록한다. 팀 회의록에 포함시킬 내용들은 다음과 같고 〈표 2-7〉은 회의록의 서식 예를 나타낸다.

- 회의 목적, 날짜, 시간, 참석자
- 지난 회의에서 할당된 팀 구성원들의 진행과정 보고 요약문
- 팀 결정사항과 팀원들이 새로운 임무 완성 날짜
- 과정 관찰자의 논평과 제안, 관찰 사항에 기초한 팀 활동내역 등
- 건의사항과 다음 회의와 관련된 결정 사항(날짜, 시간, 안건 등)

〈표 2-7〉 회의록의 서식 예

<table>
<tr><td colspan="3">목적:</td></tr>
<tr><td>일시:</td><td colspan="2">장소:</td></tr>
<tr><td colspan="3">참석자:</td></tr>
<tr><td colspan="3">회의 안건:<br>1.<br>2.<br>3.</td></tr>
<tr><td colspan="3">회의 결과:<br>1.<br>2.<br>3.</td></tr>
<tr><td colspan="3">다음 회의 일정:</td></tr>
<tr><td>다음 회의 전에 해야 할 사항</td><td>책임자</td><td>기한</td></tr>
<tr><td>1.</td><td></td><td></td></tr>
<tr><td>2.</td><td></td><td></td></tr>
<tr><td>3.</td><td></td><td></td></tr>
<tr><td colspan="3">건의사항:<br>1.<br>2.<br>3.</td></tr>
</table>

### 2.3.2 팀 평가

팀 활동이 종료된 후에 팀이 효과적으로 운영되었는지를 평가해본다. 팀 구성원들은 팀 활동의 성공 여부와 구성원들의 팀 공헌도에 대해 객관적으로 평가해본다. 학생들로 구성된 팀이라면 팀 지도교수가 팀 활동과 팀 구성원들의 공헌도를 객관적으로 평가한다. 팀 평가 자료들은 팀 구성원들에게 모두 공개하여 팀 활동에서 부족했던 부분에 대해 반성하는 기회를 제공하고 다음에 개선된 팀 활동을 할 수 있도록 한다. 〈표 2-8〉은 팀 구성원들이 팀 활동의 성공도를 평가할 때 사용하는 설문 문항의 예이다(공학문제 해결입문, 시그마프레스, 2006 인용). 각 구성원들이 이 설문에 답한 후 결과를 평균하여 팀 운영이 성공적이었는지를 평가한다. 각 항목에 대해 매우 잘됨(5), 잘됨(4), 보통(3), 안됨(2), 전혀 안됨(1)의 5단계로 평가한다.

〈표 2-9〉는 팀 구성원들이 자신을 포함하여 다른 구성원들의 팀 공헌도를 평가할 때 사용하는 설문 문항의 예이다.

〈표 2-8〉 팀 활동 평가표 예

| 평가 항목 | 평가 | | | | |
|---|---|---|---|---|---|
| 의사소통이 잘됨 | 1 | 2 | 3 | 4 | 5 |
| 팀에서 필요한 팀 역할 요소를 팀이 전부 보유 | 1 | 2 | 3 | 4 | 5 |
| 팀 구성원 모두가 동등하게 존중됨 : 참여적 리더십 공유 | 1 | 2 | 3 | 4 | 5 |
| 팀 구성원 모두 공통 목표에 합의함 : 목표 일체감 보유 | 1 | 2 | 3 | 4 | 5 |
| 상호작용을 위한 활동규칙을 명확하게 세움 | 1 | 2 | 3 | 4 | 5 |
| 팀에서 나온 해결방안은 신중하게 다루어짐 | 1 | 2 | 3 | 4 | 5 |
| 해결책을 미리 정해두지 않음 : 모든 아이디어가 검토됨 | 1 | 2 | 3 | 4 | 5 |
| 서로에게서 배움 : 팀 구성원이 기여한 바를 서로 존중함 | 1 | 2 | 3 | 4 | 5 |
| 끈기 있게 노력함 | 1 | 2 | 3 | 4 | 5 |
| 미래 지향적임 | 1 | 2 | 3 | 4 | 5 |
| 창의적 노력을 개발하는 데 도움이 되는 분위기 | 1 | 2 | 3 | 4 | 5 |
| 신속한 대응력을 가짐 | 1 | 2 | 3 | 4 | 5 |

〈표 2-9〉 팀원 공헌도 평가표 예

| 팀원<br>항목 | 팀원<br>( ) | 팀원<br>( ) | 팀원<br>( ) | 팀원<br>( ) | 팀원<br>( ) |
|---|---|---|---|---|---|
| 작업완성도(30) | | | | | |
| 창의성(15) | | | | | |
| 성실도(20) | | | | | |
| 시한엄수(25) | | | | | |
| 역할수행도(10) | | | | | |
| 합계(100) | | | | | |

각 구성원들의 설문 결과를 종합하여 팀 구성원별 팀 공헌도를 평가한다. 평가 항목은 작업 완성도, 창의성, 성실도, 시한 엄수, 역할 수행도로 평가한다. 작업완성도는 맡은 작업을 얼마나 완성하였는지를 평가하고 창의성은 팀 활동에서 필요한 아이디어를 얼마나 창출하였는지를 평가한다. 성실도는 팀 회의나 팀 활동에 얼마나 적극적으로 참여하였는지를 평가하고 시한엄수는 맡은 일을 정해진 시한 내에 수행하였는지를 평가한다. 역할수행도는 팀에서 맡은 역할을 얼마나 충실히 수행하였는지를 평가한다. 자신이 팀을 위해 얼마나 노력하였는지 반성하기 위해 자신에 대해서도 객관적으로 평가해본다. 각 구성원에 대한 평가 점수는 항목별 평가 점수를 더하여 100점 만점으로 평가되고 팀 구성원들의 평가를 모두 더하여 최종 점수를 계산한다.

## 2.4 팀워크에 대한 실습활동

3~4명을 기준으로 팀을 구성하고 팀워크에 대한 실습활동을 통해 팀의 중요성과 팀 기술에 대해 학습한다.

① 지금까지 존재했었던 팀 중에서 팀워크가 좋았던 1개의 팀을 찾아 팀워크가 좋았던 이유가 무엇인지 분석하고 핵심 내용을 정리하여 팀별로 발표하라.

② 팀 구성원의 능력은 우수하지만 팀워크가 좋지 않아 팀 활동 결과가 좋지 않았던

팀을 찾아 팀워크가 나빴던 이유에 대해 분석하고 정리하여 발표하라.

③ 팀 구성원의 능력은 부족하지만 팀워크가 좋아 팀 활동 결과가 좋았던 팀을 찾아 팀워크가 좋았던 이유에 대해 분석하고 정리하여 발표하라.

④ 팀 이름을 정하고 팀 구성원들의 토론과 합의를 통해 팀 활동규칙을 정한다. 그리고 팀 구성원별로 맡을 역할과 책임을 결정하고 다음의 항목들을 작성하라.

- 팀 이름 제정
- 팀 활동규칙 작성
- 팀 임무 규정 작성

⑤ 팀 블러그를 만드는 프로젝트나 특정 이슈에 대한 설문조사 프로젝트를 진행한다. 블러그를 만들거나 설문조사를 하기 위해 팀 구성원별 수행해야 할 업무와 추진 일정에 대해 토의하고 칸트 차트를 작성한다. 그리고 프로젝트 수행 시 발생할 수 있는 문제점 등에 대해 회의를 진행하고 팀 회의록을 작성한다. 팀별로 다음의 내용들을 작성하라.

- 간트 차트 작성
- 수행 임무 목록
- 회의록 작성

## 연습문제

| 학 과 | 학 번 | 이 름 |
|---|---|---|
| | | |

2.1-1 팀워크란 무엇이지를 요약하고, 장단점을 설명하시오.

2.2-1 팀워크 활동에서 구성의의 임무와 책임을 설명하시오.

2.3-1 간트(Gant) 차트란 무엇인지를 설명하고, 서식(표2-6)에 따라 각자 프로젝트를 임의로 결정하여 작성하시오.

2.3-2 회의록 작성에 반드시 필요한 내용이 무엇이며, 각자 회의록 서식(표 2-7)에 의거하며 회의 목적을 정하여 작성하시오.

| 목적: | | |
|---|---|---|
| 일시: 장소: | | |
| 참석자: | | |
| 회의 안건:<br>1.<br>2.<br>3. | | |
| 회의 결과:<br>1.<br>2.<br>3. | | |
| 다음 회의 일정: | | |
| 다음 회의 전에 해야 할 사항 | 책임자 | 기한 |
| 1. | | |
| 2. | | |
| 3. | | |
| 건의사항:<br>1.<br>2.<br>3. | | |

## 제3장

# 의사소통

3.1 의사소통과 결정

3.2 과학기술 문서작성

3.3 포트폴리오 제작 방법

3.4 의사소통에 대한 실습활동

인간이 사회생활을 하면서 다른 사람과의 의사소통은 인간의 삶에서 매우 큰 비중을 차지하게 되었다. 인간의 행동이나 말과 글은 지적 능력이나 인격과 품위를 나타내는 중요한 의사소통의 도구이다. 다른 사람과의 의사소통에서 중요한 것은 상대방의 감정을 상하게 하지 않으면서 자신의 생각을 정확하게 전달하거나 다른 사람의 말을 정확하게 이해하는 것이다. 명확한 의사소통은 오해로 인한 불필요한 고통을 방지해주고 지속적인 인간관계가 가능하게 해준다. 이공계 학생 중에는 의사소통 기술이 부족한 학생들이 많아 자신의 생각을 효과적으로 발표하지 못하거나 글로 표현 못하는 경우가 많다. 의사소통 능력은 원활한 팀 활동을 위해 필요한 능력이기 때문에 부단한 노력을 통해 의사소통 능력을 향상시키는 것이 필요하다.

## 3.1 의사소통과 결정

### 3.1.1 의사소통 능력

인간은 언어, 문화, 종교, 사고방식, 경험 등에 따라 동일한 현상에 대해서도 생각이 많이 다를 수 있다. 인간은 두뇌 또는 마음속에서 경험하는 것에 따라 표현하는 말이나 행동이 달라지고 성장 배경이나 교육 정도에 따라서도 달라진다. 그래서 의사소통은 구성원들 간에 공통적인 생각을 얼마나 서로 공유하느냐에 따라 팀 의사소통이 쉬워지기도 하고 어려워지기도 한다. 의사소통에 문제가 있는 사람들의 일반적인 현상은 다음과 같다.

- 자신의 느낌을 제대로 표현하지 못한다.
- 상대방을 배려하지 않는 일방적인 의사소통을 한다.
- 상대방의 말을 진지하게 인내하면서 경청하지 못한다.
- 말을 하기는 하지만 해야 할 말을 제대로 하지 못한다.
- 잘못된 의사소통으로 바람직하지 못한 분위기를 조성한다.

상대방에게 말을 할 때는 자기 생각만을 너무 주장하지 말고 상대방의 감정을 상하게 할 수 있는 비언어적인 태도나 말 등을 하지 않아야 한다. 그리고 듣는 사람의 수준이나 능력에 따라 적당한 단어를 선택하고 듣는 사람이 이해할 시간을 갖도록 말하는 속도를 적당히 조절하여야 한다. 상대방의 말을 들을 때는 상대방의 메시지를 정확히 이해하려고 노력해야 하며 대화에 방해가 될 수 있는 행동을 피해야 한다. 상대방의 의도를 파악하는 데 너무 몰두해서는 아니 되며 상대방에게 최대한 공감과 확신을 주는 반응을 보여야 한다. 의사소통 시에는 어떤 사실과 방법을 단지 말로만 전달하는 것보다 감정, 가치, 희망을 함께 전달하고 몸동작을 적절히 섞어서 표현하면 더욱 효과적이다.

의사소통 기술이 좋다고 하더라고 의사소통이 제대로 되지 않는 경우가 흔히 있다. 전달해야 하는 내용을 모르거나 정리가 되지 않은 상태에서 말을 하게 되면 듣는 사람은 논리적이지 못한 메시지를 이해하기 어려워 이야기 듣는 것을 중도에 포기해 버리게 된다. 설령 말하는 사람의 생각이 잘 정리되고 전달할 준비가 되었다고 하더라도 생각이 말로 변하는 순간 자기 생각과 다르게 왜곡되어 상대방에게 전달되는 경우가 있다. 반면에 말하는 사람이 의사 전달을 정확하게 하였다고 하더라도 듣는 사람이 왜곡되게 받아들일 수도 있다. 의사소통은 말하는 사람과 듣는 사람이 같은 생각을 공유하고 있을 때 원활하게 이루어진다. 〈표 3-1〉은 자신의 의사소통 수준을 알아보기 위한 점검 항목들을 나타낸 것이다.

팀 구성원간의 능숙한 의사소통은 생산적인 팀을 위해 매우 중요하지만 팀 활동 과정에서 구성원간의 갈등이 생기는 것이 보통이다. 팀 구성원간의 견해 차이, 책임의 불확실성, 인격적 충돌, 권한과 지위의 차이, 목표의 차이 등 다양한 원인에 의해 팀에서 갈등이 생기기 된다.

**〈표 3-1〉 의사소통 수준 점검 항목**

| |
|---|
| ① 강조해야 할 점이 있을 때는 상대의 말을 가로 막는다. |
| ② 다른 사람들이 보는 앞에서 사람을 비판하는 경향이 있다. |
| ③ 사람들과 이야기할 때 주로 듣는 편이다. |
| ④ 대화 도중에 본론에서 벗어나는 경향이 있다. |
| ⑤ 상대방이 무엇을 원하는지를 되물어 확인한다. |
| ⑥ 사람들과 이야기할 때 질문하는 편이다. |
| ⑦ 대화할 때 상대방의 감정에 대해 민감하고 그에 적절히 반응한다. |
| ⑧ 내가 동의하지 않는 내용도 상대가 자신의 생각을 이야기하게 한다. |
| ⑨ 상대가 가지고 있는 문제에 대해서 함께 논의한다. |

팀 갈등을 최대한 줄이기 위해 중요한 결정 사항들을 최대한 공개하고 상대방을 존중하는 자세로 자유로운 토론을 할 수 있는 분위기를 조성하는 것이 필요하다. 팀 구성원간의 원활한 의사소통은 팀 운영에서 발생하는 문제들에 대해 신속하고 합리적인 결정을 하게 해준다.

### 3.1.2 발표 능력

사회생활에서 자신의 생각을 다른 사람에게 설명하거나 자신이나 팀의 성과를 다른 사람에게 전달해야 하는 경우가 많다. 이런 경우 다른 사람에게 효과적으로 메시지를 전달하기 위한 발표 능력은 매우 중요하다. 의사소통에 별 문제가 없는 사람도 막상 발표를 하려고 하면 당황하게 되고 자신의 생각을 충분히 전달하지 못하는 경우가 많다. 개인의 발표 능력은 반복적인 연습에 의해 많이 개선될 수 있기 때문에 여러 사람을 대상으로 발표 연습을 많이 해보는 것이 좋다. 특히 자신보다 나이가 많거나 지위가 높은 사람 앞에서 발표할 때 긴장을 하여 발표 실수를 하는 경우가 많은데 발표하기 전에 발표할 내용을 정리해보거나 미리 발표 연습을 충분히 하여 자신감을 갖도록 하는 것이 중요하다. 발표에 자신이 없을 때에는 큰소리로 또박또박 말하는 것이 좋고 설령 실수를 하였더라도 기죽지 말고 실수한 것을 너무 마음에 두지 않아야 한다.

발표를 할 때에는 듣는 사람의 수준과 반응을 고려하여야 한다. 아무리 발표를 잘 하였다고 하더라도 듣는 사람이 내용을 이해하지 못했다면 아무 소용이 없다. 똑같은 내용이라도 듣는 사람의 수준에 따라 적절한 단어, 그림, 예를 다르게 해야 하고 듣는 사람이 지루해하거나 이해를 못하는 분위기이면 한 번 더 설명을 하거나 좀 더 쉬운 예로 설명을 하는 것이 좋다. 탁월한 발표자가 되려면 자신의 말하는 태도와 행동을 관찰하고 평가하는 기회를 갖는 것이 도움이 된다. 다음과 같은 점을 고려하여 평소에 훈련하는 습관을 가지는 것이 좋다.

- 듣는 사람의 지식수준, 사고방식, 문화적 경험에 대해 이해한다.
- 모든 사람이 알아들을 수 있도록 크게 말한다.
- 정확한 단어와 어휘를 사용한다.

〈표 3-2〉 30초 메시지를 전달하기 위한 요령

| "초보자는 30초 메시지 발표를 위해 보통 1시간 이상 준비하여야 한다."<br><br>준비: 발표할 메시지를 준비할 때 목적, 청중, 접근방법을 결정해야 한다.<br><br>메시지 전달은 다음의 3가지 사항들을 고려한다.<br>① 갈고리: 관심을 끌기 위해 유머나 시각교재 등을 사용한다.<br>② 주제: 메시지의 목적을 '누가, 무엇을, 어디서, 언제, 왜, 어떻게'로 정리한다.<br>③ 마무리: 당신이 원하는 것을 강력하게 또는 은근하게 요구한다.<br><br>발표에서 태도와 외모, 몸동작, 말하는 방식 등은 메시지의 의미를 전달하는 데 도움이 되기 때문에 중요하다.<br>① 태도와 외모: 얼굴 표정, 시선, 자세, 몸짓, 억양, 외모 등이 잘 어울리게 한다.<br>② 몸동작: 친근하게 행동하고 배우처럼 미소를 띠며 대본 읽듯이 하지 않는다.<br>③ 말하는 방식: 말할 때 표정과 목소리에 감정을 나타내고 목소리에 억양을 준다. |
|---|

- 듣는 사람이 집중할 수 있도록 흥미를 유발하는 이야기로 시작한다.
- 듣는 사람의 반응에 따라 전달하는 속도를 조절한다.

발표에 능숙하지 못하는 사람의 경우 특정 메시지의 전달에 너무 많은 시간을 할애하여 다른 메시지들은 충분한 전달하지 못하는 되는 경우가 흔히 있다. 발표 시간을 적절하게 배분하기 위해 30초나 1분의 짧은 시간동안 특정 주제에 대해 효과적으로 발표하는 연습을 반복하는 것이 좋다. 〈표 3-2〉는 30초 동안 메시지를 전달하기 위한 요령을 나타낸다.

## 3.2 과학기술 문서작성

과학기술 문서는 과학기술의 특정한 사실에 대해 설명하거나 어떤 행동을 안내하고 지시하는 내용으로 구성된다. 과학기술 문서에서 다루는 내용은 객관적인 사실을 바탕으로 데이터, 수치, 수식 등은 오류 없이 정확하여야 한다. 자신의 연구 성과나 자신이 개발한 제품의 기능들을 효과적으로 설명하기 위해 문서작성 능력은 과학기술자에게 필수적으로 요구되는 기본 능력이라고 할 수 있다.

이공계 학생들이 연구, 개발, 업무를 성공적으로 수행하기 위해서는 자신의 생각을 정확히 글로 표현할 수 있는 능력을 갖춰야 한다. 그러나 우리나라의 대부분의 이공계 학생들은 문서작성 능력이 매우 취약하다. 그 이유는 이공계 교육이 전공과 관련된 내용과 지식의 파악, 모델링과 분석 등에 집중되어 있어 문서작성, 발표, 토론 등과 관련된 교육을 충분히 받지 못했기 때문이다. 대부분의 이공계 학생에게는 보고서, 논문 등의 문서 작성은 재미없고 억지로 해야 하는 기피 작업인 경우가 많다. 그러나 과학적 지식이나 성과들을 글로 표현하다 보면 지금까지 모호하게 알고 있던 원리들을 확실히 깨닫게 되거나 간과했던 문제점들을 발견하는 경우가 있기 때문에 과학기술자에게 문서 작성은 매우 중요하다고 할 수 있다.

과학기술 문서는 읽는 사람이 쉽게 접할 수 있도록 쉽고 간결하게 작성되어야 하고 논리적이고 짜임새 있도록 구성되어야 한다. 그리고 사용하는 단어, 문장, 그림, 수식 등 모든 내용들이 일관성을 유지하여야 하고  요약문, 문서, 장, 절의 제목들은 그것만으로도 내용이 파악될 수 있도록 신중하게 결정되어야 한다. 또 핵심 주장이 한눈에 파악되도록 내용이 전개되어야 하고 불필요한 내용 중복이 없어야 한다. 과학기술문서 작성 시 고려할 사항을 요약하면 다음과 같다.

- 간결성: 주도 면밀성이나 뚜렷함에 도움이 되지 못하는 내용은 피한다.
- 정확성과 정밀성: 애매하지 않고 정확하고 상세하게 작성한다.
- 논리적 구성: 작성하기 용이한 서식으로 필요한 모든 정보를 포함한다.
- 독자에 초점: 정보의 사용자에 맞게 작성한다.
- 신뢰성: 신 개념 또는 기술에 대한 분석, 종합, 시험 결과를 포함한다.
- 시기의 적절성: 제품 사용 또는 프로젝트 납기 등의 일정에 맞추어 작성한다.

### 3.2.1 과학기술 문서작성 과정

과학기술 문서는 동일한 전공의 과학기술자를 대상으로 작성되는 경우가 많지만 다른 전공의 과학기술자나 일반인을 대상으로 작성되는 경우도 있다.

〈표 3-3〉 과학기술 문서작성 과정

| |
|---|
| ① 주제 선정: 어떤 주제로 문서를 작성할지 결정한다. 독자 분석을 수행하고 문서의 목적과 핵심 주장을 결정한다.<br>② 계획 수립: 문서를 작성하기 위한 세부적이고 실행 가능한 계획을 수립한다.<br>③ 자료 및 참고문헌 수집, 정리: 문서 작성에 필요한 자료와 참고문헌을 수집하고 정리한다.<br>④ 개요 작성: 개요 작성을 통해 문서에 담기는 주제와 주장을 구체화한다.<br>⑤ 초고 작성: 서론, 본론, 결론으로 구성된 초고를 작성한다.<br>⑥ 교정: 작성된 초고를 다듬고 수정해서 문서를 완성해 나간다.<br>⑦ 최종 편집, 완성: 문서를 최종 편집하고 최종 완성본을 인쇄한다. |

과학적 지식을 잘 모르는 비전공자들을 대상으로 과학기술문서를 작성할 때에는 어려운 용어나 설명을 피하고 논리적인 비약이 없도록 하여야 한다. 〈표 3-3〉은 일반적인 과학기술문서 작성 과정을 나타낸다.

준비 단계에서는 문서의 대상 독자를 분석하여 문서의 구체적인 목표를 설정하고 문서의 전체적인 윤곽, 구성, 내용을 결정한다. 문서 작성을 위한 실행 가능한 계획을 세우고 문서 작성에 필요한 다양한 자료를 수집하고 정리한다. 문서에 담기는 적절한 주제를 선정하고 주제에 대한 핵심 주장을 정리하여 개요를 작성한다.

초고 작성 단계에서는 결정된 전체적인 윤곽과 개요를 바탕으로 초고를 작성한다. 세부적인 것에 너무 매달리지 말고 참고 문헌이나 자료에서 얻은 내용과 자신의 주장을 명확하게 구분하고 정리한다. 초고는 서론, 본론, 결론의 순서로 작성하며 쓰고 수정하는 과정을 반복하여 완성한다. 서론에서는 연구 문제를 소개하고 통설, 일반적인 문제나 기정사실에 대해 언급한다. 그리고 기존의 연구 성과들을 정리하고 이를 바탕으로 주제에 관련된 새로운 문제를 제기한다. 또한 문제해결을 위한 접근방향, 이에 대한 이론적 배경 등을 소개한다. 본론에서는 준비된 자료와 연구 내용을 토대로 사실적으로 주장을 전개하고 결론에서는 본론의 내용을 바탕으로 추가적인 의견과 내용을 정리하고 기술한다.

교정 단계에서는 작성된 초고를 검토하고 수정하며 최종 편집을 통해 문서를 완성한다. 훌륭한 문서 작성을 위해서는 교정에 상대적으로 많은 시간을 투자해야 한다. 일반적으로 전체 문서작성 시간 중 30~40% 정도를 교정을 위해 사용하는 것이 바람직하다. 교정은 글의 목적, 구성, 전개 등에 대한 거시적 교정과 맞춤법, 문법 검토 등에 대한 세부적 교정으로 구분되며 거시적 교정에서 세부적 교정의 순서로 진행하는 것이 효과적이다. 교정 작업을 원활하게 수행하기 위해서는 초고 작성과 교정 사이에서 충분한 휴식을 갖는 것이 좋다. 그리고 반복해서 발견되는 오류에 대해 체크리스트를 만들고 수시로 문서의 개요와 제목들을 확인하고 검토한다.

### 3.2.2 문서작성 장애요인

과학기술자들은 문서작성을 해본 경험이 많지 않아 간단한 문서를 작성하는데도 시간이 많이 소요된다. 설령 과학기술 문서작성에 대한 적절한 교육을 받았다고 하더라도 좋은 문서를 작성하기까지는 많은 장애 요인들이 있다. 이러한 문서작성 장애요인이 발생했을 때 각각의 장애요인에 따라 적절하게 대처할 수 있어야 문서를 효과적으로 작성할 수 있다. 다음은 문서작성의 장애요인과 그 해결방법을 나타낸 것이다.

① **글을 쓴다는 것에 대한 걱정**: 문서작성 작업을 여러 단계로 나누고 접근하기 쉽게 계획을 수립한다.

② **아이디어 빈곤**: 아이디어와 구체적인 내용이 떠오르지 않을 때마다 충분한 휴식을 취하는 것이 좋고 여러 가지 창의적 아이디어 창출 방법들을 적용해본다.

③ **자료 부족에 대한 걱정**: 주제에 대해 잘 모른다고 생각하면 문서작성이 잘 진행되지 않으므로 준비와 초안 작성 과정에서 도움이 될 자료들을 구체적으로 분석하고 구분한다.

④ **집중을 방해하는 환경**: 문서 작성을 위해 가장 좋은 환경을 찾아보고 산만해지는 것을 피하기 위해 한 장소에서만 작업한다.

⑤ **적절한 단어가 생각나지 않는 경우**: 작성한 초고의 관련된 문단이나 장, 절을 반복하여 읽어본다.

⑥ **양식에 의해 진행이 방해되는 경우**: 더 좋은 양식은 없는지 찾아보고 더 적절한 양식이 있으면 과감하게 양식을 수정한다.

⑦ **문제해결방안 부재의 경우**: 문서를 작성하면서 문제해결방안을 찾을 수 있으므로 좋은 해결방안을 찾기 위해서라도 문서작성을 계속 진행한다.

### 3.2.3 과학기술 논문 작성

과학기술 논문은 자신이나 팀의 독창적인 연구 성과를 정해진 양식에 맞추어 작성한 문서이다. 논문의 독창성을 입증하기 위해 논문의 아이디어와 기존 연구들과의 비교, 핵심 연구 내용, 실험 결과, 기대 효과 등을 상세하게 기술하여야 한다. 대학, 연구기관, 산업체 등에서 연구한 성과들은 논문으로 작성되어 학회나 연구기관 등에서 발간하는 간행물을 통해 게재하게 된다. 과학기술 논문은 발간하는 주체가 요구하는 구성과 양식에 따라 구성이 달라지므로 해당 기관의 투고 규정들을 사전에 파악하여야 한다.

2000년 이후 대부분의 공과대학들은 공학교육인증제의 도입으로 1-2개의 캡스톤 설계 과목을 개설하고 있다. 캡스톤 설계는 지금까지 전공과목에서 배운 전공 지식을 토대로 종합적인 설계 프로젝트를 수행하는 것으로 졸업 작품과 졸업논문과 연계되어 진행하는 대학이 많다. 학생들은 6개월이나 1년 동안 프로젝트를 진행하여 그 결과를 토대로 졸업논문을 작성하거나 졸업 작품 보고서를 작성하여 최종 평가를 받게 된다. 이러한 교육은 학생들의 종합적인 설계 능력과 논문 보고서 작성 능력을 향상시켜준다는 측면에서 매우 중요하다고 할 수 있다. 〈표 3-4〉는 과학기술 논문의 일반적인 구성을 나타낸다.

〈표 3-4〉 과학기술 논문의 구성

① 제목: 연구 제목을 한글과 영문으로 나타낸다.
② 저자 및 소속: 저자들의 소속기관, 주소, 이메일 등을 나타낸다.
③ 초록(abstract): 논문의 전체 내용을 명확하게 알 수 있도록 200자 이내로 작성한다.
④ 주요어(keywords): 논문의 핵심 단어들을 나타낸다.
⑤ 용어설명: 논문에서 사용하는 핵심용어들을 나타낸다.
⑥ 서론: 기존 연구와의 비교 분석, 논문의 독창성, 논문의 핵심 결과, 논문의 구성 등을 나타낸다.
⑦ 본론: 연구의 주요 이론, 실험 결과 등을 나타낸다.
⑧ 결론: 논문의 주요 성과와 기대 효과 등을 나타낸다.
⑨ 감사의 글: 연구에 도움을 주신 기관이나 연구자를 나타낸다.
⑩ 부록: 본문의 명확한 전개를 위해 본문에서 생략되었지만 논문 전개를 위해 필요한 내용들을 나타낸다.
⑪ 참고문헌: 논문 연구를 위해 참고한 논문, 보고서, 책 등을 나타낸다.

## 3.3 포트폴리오 제작 방법

포트폴리오는 일정 기간 동안의 학습 성취도를 판단하기 위한 다양한 결과물의 모음을 나타내며 학생들의 학습성과 성취도 평가, 교사의 교수학습 개선 등의 다양한 목적으로 사용된다. 포트폴리오에는 다양한 증거가 포함되어 있으므로 포트폴리오를 평가하게 되면 학생들의 학습 성취도를 다양하고 구체적인 증거를 바탕으로 판단할 수 있다. 학생들이 포트폴리오에 무엇을 포함시킬 것인가를 결정하는 과정에서 학생들은 자기 주도적 학습이 가능하다.

포트폴리오 평가는 많은 장점을 가지고 있다. 학생들에게는 자신이 학습의 주체임을 명백하게 인식시키고 학생과 학생, 그리고 학생과 교사 사이의 상호작용을 증대시킨다. 또한 반성적 사고의 기회를 많이 제공하고 창의력과 상상력을 발휘할 수 있는 기회를 제공한다. 교사 입장에서 포트폴리오는 수업을 계획하고 실시한 후 수업에 대해 학생과 상호 작용할 기회를 제공하며 학습 이전과 이후에 학생의 변화를 볼 수 있다. 그리고 수업에 대한 반성의 기회를 제공하고 학생 개개인의 장단점과 소질을 파악하기 용이하다.

학생 포트폴리오는 학생의 입학에서 졸업할 때까지 프로그램을 이수하는 과정에서 얻은 모든 내용뿐만 아니라 졸업 후 학생의 사회활동에 대한 정기적인 결과까지도 포함한다.

〈표 3-5〉 학생 포트폴리오의 구성

| |
|---|
| ① 학생 개인정보 (자기소개서, 졸업 후 진로 등) |
| ② 각종 활동 내역 (봉사 활동, 동아리 활동, 수상 경력, 학술 활동 등) |
| ③ 연도별 학적상황 및 이수과목 현황 |
| ④ 학습성과 달성도 |
| ⑤ 상담자료 (지도교수 상담, 수강교수 상담 내역) |
| ⑥ 설계 포트폴리오 (설계 계획서, 설계 보고서, 설계 결과물) |
| ⑦ 이수과목 과제물 및 발표자료 |
| ⑧ 외국어 능력 (토익, 토플 등 외국어 성적) |
| ⑨ 공인자격증 (전공 및 비전공 자격증) |
| ⑩ 인턴십/산업체 연수 경력 |

지도 교수는 학생 포트폴리오의 내용들을 토대로 학생의 학습성과나 발전과정을 수시로 확인할 수 있고 학생과의 상담 시 참고 자료로 활용하게 된다. 학생 포트폴리오는 학생 개인의 모든 성과물들을 보여주는 귀한 자료이므로 자신의 과제물이나 작품 중 잘된 것을 정리해서 관리해야 한다. 최근 이력서와 함께 포트폴리오의 제출을 요구하는 회사가 많으므로 대학기간 동안의 각종 활동 내역, 프로젝트 결과물, 발표 자료 등을 정성껏 관리하여야 한다. 〈표 3-5〉는 학생 포트폴리오에 포함되는 항목들을 나타낸 것이다.

최근 들어 단순한 실험이나 실습 교육보다는 설계 교육이 강화되고 있다. 설계 교육은 답이 정해져 있는 교육이 아니고 학생들의 생각이나 노력에 따라 결과가 달라질 수 있는 창의적인 교육이다. 학생들의 설계 능력을 체계적으로 강화하기 위해 교과과정에는 단계별로 설계과목이 개설되어 있다. 학생들은 전공과목을 수강하면서 목적과 기준의 설정, 종합, 분석, 설계, 시험, 결과 도출 등 설계 요소를 고려한 설계 과제를 수행하게 된다. 설계 과제에서는 경제 요건, 안전성, 실행 가능성, 윤리성, 사회적 영향 등 최소한 1개 이상의 현실적인 제한 요소를 고려하여야 한다.

설계 과제를 효과적으로 수행하기 위해서는 과제를 시작하기 전에 설계 과제 계획서를 작성하여야 한다. 설계 과제 계획서는 팀 단위로 작성하며 설계 주제, 목적, 팀 구성원, 과제 기간, 주별 계획, 구성원별 업무 등이 명시되어야 한다. 설계 계획 단계에서는 불분명한 요소들이 많아 과제를 수행하는 과정에서 계획하지 못한 문제점이 발생하거나 문제해결 방법을 찾지 못해 계획한 종료 시점을 넘겨 설계 과제가 진행되는 경우가 많다. 설계 과제는 과제 기간 내에 설계 목표를 달성하는 것이 중요하기 때문에 주별 진행보고서를 작성하여 주 단위로 설계 과제의 진행 사항을 점검하는 것이 좋다. 주별 진행보고서에는 구성원별로 지난주에 한 일과 이번 주에 할 일을 상세하게 기록하고 수행 도중에 발생한 문제점 등을 기록한다. 팀 지도교수가 있다면 주별 진행보고서를 지도교수에게 제출하여 프로젝트 진행에 대한 지도나 평가를 받는 것이 좋다.

설계 과제를 완료한 후 설계 과제에 대한 내용을 정리하여 설계 과제 보고서를 작성한다. 설계 과제의 계획, 수행 결과, 기대 효과 등 설계 과제에서 수행한 모든 내용은 다른 사람들이 알 수 있도록 체계적으로 서술한다.

〈표 3-6〉 설계 과제 보고서의 구성

| |
|---|
| ① 주제: 설계 주제, 팀 구성원, 설계 기간 등을 나타낸다.<br>② 서론: 배경, 목적, 개요, 계획 등에 대해 서술한다.<br>③ 지식: 과제 수행을 위해 필요한 이론, 기초지식 등에 대해 서술한다.<br>④ 본문: 구성 요소의 설계와 구현 방법 등에 대해 서술한다.<br>⑤ 결과: 과제 수행 결과, 분석 결과, 고찰 등에 대해 서술한다.<br>⑥ 결론: 과제 총정리, 기대효과 등에 대해 서술한다.<br>⑦ 추후과제: 추후에 수행할 과제 내용에 대해 서술한다.<br>⑧ 부록: 설계 과제 계획서, 주별 진행보고서 등을 첨부한다. |

설계 과제 계획서와 주별 진행보고서는 보고서의 부록에 첨가한다. 〈표 3-6〉은 설계 과제 보고서의 일반적인 구성을 나타낸다. 공학교육인증 프로그램에 참여하는 학생들은 18학점 이상의 설계 학점을 이수하여야 하므로 설계 과목에서 수행한 설계 과제 보고서와 설계 과제 작품들을 잘 관리하면 취업할 때 유용한 자료로 사용할 수 있다.

## 3.4 의사소통에 대한 실습활동

팀 단위로 의사소통에 대한 실습활동을 실시하여 발표와 문서작성 능력을 배양한다.

① 국회의원 선거의 출구조사는 대통령 선거의 출구조사에 비해 틀린 경우가 많다. 출구조사가 정확하지 못한 이유가 무엇인지 어떻게 하면 좀 더 정확하게 조사할 수 있는지에 대해 분석하고 결과를 정리해서 3분 이내로 발표하라.

② 처음 만난 사람에게 자신을 소개해야 하는 경우가 많이 있다. 자신의 장점과 단점을 포함하여 자신을 어떻게 소개할 지 생각해보고 내용을 정리하여 30초 동안에 발표하라.

③ 회사에서 배포한 휴대폰 사용설명서를 보면 일부 기능은 설명이 너무 간단하고 일부 기능은 설명이 너무 복잡하게 되어 있다. 회사에서 배포한 휴대폰 사용설명서에서 설명이 적절하지 못한 1개의 기능을 골라 누구나 잘 이해할 수 있는 사용설명서를 작성하라.

④ 지구온난화에 대한 자료들을 분석하여 지구온난화의 대표적 현상, 원인, 영향과 지구

온난화 방지 및 대책 등에 대해 중고등학생을 대상으로 설명하는 기술보고서를 작성하라.

⑤ 석유 가격이 1배럴에 100달러를 넘어서면서 대체에너지의 필요성이 점점 강조되고 있다. 현재의 에너지 수급상황, 고유가의 원인과 대책, 대체에너지의 종류 등에 대한 자료를 분석하고 대학생을 대상으로 설명하는 기술보고서를 작성하라.

⑥ 지금까지 관리해온 팀 구성원들의 학생 포트폴리오를 서로 평가해보고 포트폴리오를 효과적으로 관리할 수 있는 방법들에 대해 토의하여 결과를 발표하라.

## 연습문제

| 학 과 | 학 번 | 이 름 |
| --- | --- | --- |
| | | |

3.1-1 효과적인 의사소통을 하기 위한 방법을 나열하시오.

3.1-2 효과적인 발표 능력의 훈련 방법을 설명하시오.

3.2-1 과학기술 문서 작성 시 고려할 사항을 요약하시오.

3.2-2 과학기술 문서 작성 과정을 요약하시오.

3.2-3 공학 기술 논문 작성 구성을 요약 설명하시오.

3.3-1 포트폴리오란 무엇이며, 학생 포트폴리오의 구성의 종류를 나열하시오.

## 제4장

# 브레인스토밍을 이용한 발산적 사고

## 4.1 창의력과 창의적 사고

공학 교육에서 급격한 환경 변화에 대처할 수 있는 문제해결 능력을 갖춘 인재를 양성하기 위해, 창의적으로 사고하는 능력을 개발하고 이에 대한 체계적인 교육이 필요하다. 심리학 분야에서의 창의성에 대한 정의가 하나로 일치된 경우는 찾아보기 힘들다. Davis(1997)는 창의성이란 어렵고 복잡하며 다면적인 성격을 띠고 있으며, 인간의 가장 높은 수준의 수행과 성취라고 정의하였다. 인지능력을 강조하는 길포드는 '지능 구조 모델'을 소개하면서 그 모델의 한 부분인 확산적 사고(발산적 사고)를 창의성의 기본이 되는 사고 유형으로 보고, '창의성이란 새롭고 신기한 것을 낳는 힘'이라고 정의했다. 그 외에도 다양한 정의들과 창의성의 이해에 관한 다양한 접근들이 있지만 행동이나 산출물들이 창의적이기 위해 공통적으로 지녀야 하는 특징으로 Amabile(1989)은 신기함(novelty)과 적절함(appropriateness)이라는 두 요소를 꼽고 있다. 즉, 창의적인 것은 모방이나 재연이 아니고 새롭고 독특해야 하며, 또 단순히 새롭고 독특하기만 한 것이 아니라 내용이나 효과 면에서 유용하고 현실적이며 적합해야 한다. 인간의 창의력을 신장시키기 위한 교육훈련을 창의성 개발이라고 하는데, 창의적 사고 개발 기법은 크게 발산적 사고와 수렴적 사고로 구분될 수 있다. 발산적 사고는 유의미하고 새로운 연결을 만들고 표현하는 사고 과정이나 아이디어를 생성하는 사고과정으로 정의할 수 있으며, 대표적인 방식으로 브레인스토밍, 브레인라이팅, 스캠퍼 등이 있다. 수렴적 사고는 아이디어를 분석하고, 다듬고, 선택하는 사고과정이나 아이디어를 선택하거나 개발하는 초점화의 사고과정이다. 본 장에서는 발산적 사고로 오스본(A. F. Osborn)이 고안한 브레인스토밍 방식을 살펴보고 이에 대한 실습 방안을 소개한다.

## 4.2 브레인스토밍 절차와 수행

브레인스토밍은 1941년에 미국의 광고회사 부사장 오스본이 제창하여 그의 저서 〈독창력을 신장하라〉(1953)에서 널리 소개된 방법으로, 일정한 테마에 관하여 회의형식을 채택하고, 구성원의 자유발언을 통한 아이디어의 제시를 요구하여 발상을 찾아내려는 방법이다. 브레인스토밍의 원리는 토론, 회의 및 자유 발언의 다음과 일반적인 특성에 바탕을 두고 있다.

- 한 사람보다 다수인 쪽이 제기되는 아이디어가 많다.
- 아이디어 수가 많을수록 질적으로 우수한 아이디어가 나올 가능성이 높다.
- 일반적으로 아이디어는 비판이 가해지지 않으면 많아진다.

따라서 브레인스토밍에서는 어떠한 내용의 발언이라도 그에 대한 비판을 해서는 안 되며, 오히려 자유분방하고 엉뚱하기까지 한 의견을 출발점으로 해서 아이디어를 전개시켜 나가도록 하고 있다. 이를테면, 일종의 자유연상법이라고도 할 수 있다. 회의에는 리더를 두고, 구성원 수는 10명 내외가 적당하다.

### 4.2.1 효과적인 브레인스토밍을 위한 4가지 기본규칙

브레인스토밍을 통해 가능한 많은 아이디어를 이끌어내기 위해서 다음에 나열한 4가지 기본 규칙(4S)을 잘 지켜야 한다.

〈표 4-1〉 브레인스토밍의 4가지 규칙(4S)

| 원 칙 | 설 명 |
|---|---|
| 비판금지 (Support) | 판단을 유보한다. 아이디어를 내놓는 동안 어떤 아이디어라도 절대로 비판하거나 평가하지 못한다. |
| 자유분방 (Silly) | 아이디어는 거칠고 비현실적이거나 터무니없는 것일지라도 모두 받아들여야 한다. |
| 양산 (Speedy) | 양이 질을 낳는다. 좋은 아이디어를 얻기 위해서는 가능한 많은 아이디어가 요구된다. |
| 결합과 개선 (Synergy) | 남들이 제안한 아이디어를 결합하여 제3의 아이디어를 내놓을 수 있다. |

### 4.2.3 브레인스토밍 준비

#### 1) 문제 정의하기

브레인스토밍을 시작하기 전 해야 할 가장 중요한 것들 중의 하나는 문제를 정의하는 것이다. 문제는 명확해야 하고, 포괄적이지 않아야 한다. 만약 문제의 정의가 너무 포괄적이라면 리더는 문제를 더 작은 것으로 나누어야 한다.

#### 2) 패널 구성

리더는 브레인스토밍을 수행할 패널을 구성하고, 참가자와 아이디어를 기록할 사람을 결정한다. 패널을 구성할 때에는 성별, 나이, 지역, 학력 등이 다양하게 포함되도록 하여 주제에 대한 넓은 시각을 가질 수 있도록 한다. 일반적으로 10명 또는 그 이하의 인원으로 구성하는 것이 10명 이상의 인원으로 구성하는 것보다 더 생산적이다. 많은 변수들이 있겠지만 〈표 4-2〉의 지침을 따라 패널을 구성하는 것이 효율적이다.

〈표 4-2〉 패널 구성을 위한 지침

- 패널 중 몇 명은 회의 주제와 관련하여 검증된 핵심 구성원이다.
- 패널 중 몇 명은 회의 주제와 관련이 없는 외부 구성원이다.
- 제안된 아이디어를 기록하는 한 명의 구성원이 있다.

#### 3) 스케줄

한 번의 회의에 하나의 문제(주제)만을 다루도록 한다. 회의 시간은 두 시간을 넘지 않도록 해야 하며, 오후보다는 오전에 회의를 진행하는 것이 일반적으로 더 효율적이다. 회의를 준비하는 시간과 회의가 끝난 후 아이디어를 정리할 시간을 고려하여 충분한 시간을 계획한다.

#### 4) 배경 지식 쪽지 만들기

배경 지식 쪽지는 참가인원, 세션의 이름, 문제, 시간, 날짜, 장소 등의 정보가 들어있는 안내문을 말한다. 문제는 질문과 주어진 몇 가지 아이디어들을 기술하여 작성하면 된다. 미리 제공한 몇 가지 아이디어는 일반적으로 예상가능한 문제의 해결책이며, 브레인스토밍의 진행이 느려지거나 주제를 벗어날 경우 준비한 해결책들 중 몇 가지를 제시하여 참가자들을 고무시킬 수 있다. 쪽지는 최소한 브레인스토밍을 하기 이틀 전에 참가자들에게 보내, 참가자들이 문제에 관해서 미리 생각할 시간을 가질 수 있도록 한다.

### 5) 유도질문들의 목록 만들기

브레인스토밍을 하는 동안 참가자들의 창의력과 집중력은 점점 떨어지게 된다. 이 때, 리더는 "지금까지 나왔던 아이디어들 중 몇 가지를 결합하면 어떨까요?" 또는 "다른 관점에서 본다면 어떨까요?" 등의 유도질문을 통해 참가자들의 창의력을 자극할 수 있다. 유도질문은 브레인스토밍을 시작하기 전에 미리 준비해 두어야 한다.

### 6) 장소

신선한 느낌을 받을 수 있도록 익숙한 장소는 피하는 것이 좋다. 편안하고 넓으며 큰 창문이 있는 실내 또는 야외여도 좋다. 장소를 이동하는 것이 불가능하다면, 기존에 사용하던 공간의 배치를 변경하는 등, 인테리어를 바꾸어 새로운 분위기를 조성하도록 한다. [그림 4-1]은 브레인스토밍 준비 과정을 나타낸다.

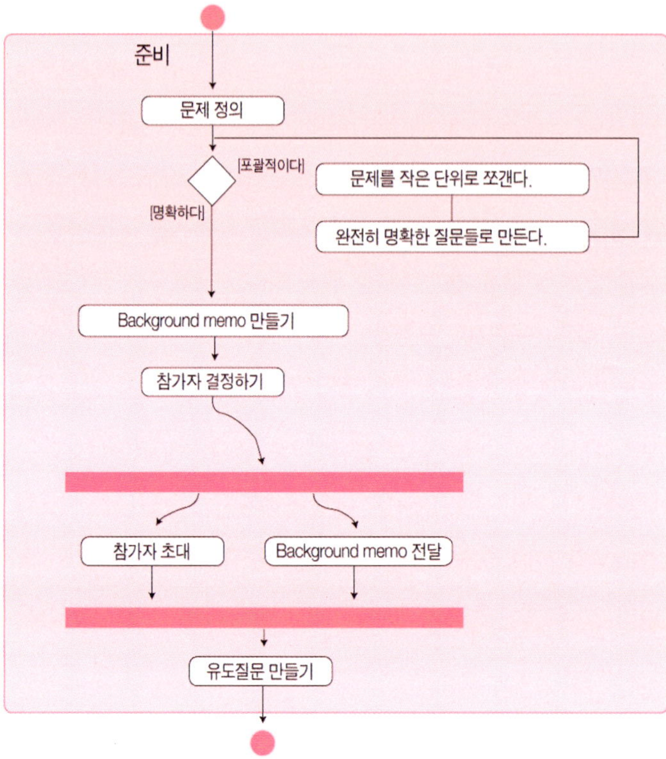


【그림 4-1】 브레인스토밍 준비 과정

### 4.2.3 브레인스토밍 수행

리더는 〈표 4-3〉에 나열된 기본적인 브레인스토밍 회의 수행 절차가 지켜질 수 있도록 유의하면서 열정적인 회의가 진행될 수 있도록 분위기를 유도한다.

브레인스토밍 회의를 진행하는 동안 아이디어를 가지고 있지만 그 아이디어를 제때 제시하지 못한 참가자는 메모지에 적어두었다가 나중에 제출할 수 있도록 하며, 아이디어 기록자는 아이디어의 개수를 세어 리더가 아이디어의 목표량을 채울 수 있도록 도와준다. 예를 들면 “지금까지 44개의 아이디어가 나왔습니다. 50개를 만들어봅시다!”와 같이 리더가 참가자들에게 목표량과 현재까지 나온 아이디어의 양을 일러주어 참가자들이 더 많은 아이디어를 낼 수 있도록 자극할 수 있다.

〈표 4-3〉 일반적인 브레인스토밍 회의 절차

| |
|---|
| ① 참가자들의 창의적 사고의 유연성을 높이기 위해 간단한 문제를 이용하여 준비운동(워밍업) 회의 시간을 가진다. 예를 들어, 마이크로소프트사의 윈도우즈 운영체제에서 성능향상이 이루어질 수 있는 부분은 무엇인가?와 같은 문제를 가지고 가볍게 브레인스토밍을 진행한다.<br>② 리더는 문제를 제시하고 필요하다면 좀 더 자세한 설명을 한다.<br>③ 리더는 참가자들에게 그들의 아이디어를 낼 것을 요청한다.<br>④ 만약 아무런 아이디어도 나오지 않는다면, 리더는 유도 질문들을 사용하여 창의적인 활동을 할 수 있도록 도와준다.<br>⑤ 모든 참가자가 아이디어를 낼 수 있도록 하고, 아이디어를 기록하는 사람은 그 아이디어들을 잘 기록한다.<br>⑥ 만약 많은 사람들이 동시에 아이디어를 제시할 경우, 리더는 우선순위를 정해 주어야 하며, 그 때 아이디어를 제시하지 못한 참가자는 잊어버리지 않기 위해 자신의 아이디어를 메모해 두어야 한다.<br>⑦ 참가자들은 제시한 아이디어들을 고찰하여, 아이디어들을 다듬는다.<br>⑧ 정해진 시간이 되면, 리더는 아이디어들을 모으고 아이디어들에 관해 토의를 진행한다. 이 때, 추가적인 아이디어들이 더 나올 수 있다.<br>⑨ 토의를 하면서 참가자들이 제시한 아이디어들을 일정한 기준을 정하여 분류한다.<br>⑩ 패널의 모든 사람들이 각자 제시한 아이디어들을 모두 고려할 수 있도록 아이디어들의 전체 목록을 재검토한다. 아이디어들을 다시 정리하면서 부적절한 해결책들은 제거한다.<br>⑪ 모든 회의 절차가 마무리되면 리더는 모든 참가자들에게 감사의 뜻을 전한다. |

또한 아이디어 기록자는 아이디어 발표자가 의미하는 핵심이 무엇인지를 파악하기 위해 그들이 제시한 아이디어를 잘 기록하고 여러 번 반복해서 확인하여 올바르게 기록해야 한다. 리더는 여러 명의 참가자들이 동시에 아이디어를 제시하려고 하면, 이전에 나왔던 아이디어와 연관된 아이디어를 가진 사람에게 높은 우선순위를 부여한다. 이렇게 하면 앞서 나왔던 아이디어들을 한층 더 섬세하게 다듬을 수 있다. 마지막으로 브레인스토밍 회의 중에 감독이나 상사의 참석은 분위기를 딱딱하게 만들어 참가자들의 기발한 아이디어 제안을 방해할 수 있기 때문에 회의를 시작하기 전에 미리 공지하여 가급적 회의에 참석하기로 되어있지 않은 사람이 들어오지 않도록 한다. [그림 4-2]는 브레인스토밍의 단계별 수행 과정을 나타낸다.

## 4.3 브레인스토밍 실습

브레인스토밍 팀(조)을 구성하여, 아래에 제시된 문제 중 한 가지를 해결해 보도록 한다. 단, 주제와 팀 구성은 실습을 주관하는 강사가 상황에 맞게 임의로 정할 수 있으며, 주제도 팀 별로 개별적인 주제를 주고, 팀 단위로 평가할 수 있다.

### 4.3.1 활동 규칙

- 팀(5~12인)을 이루어 수행한다. 단, 실습 상황에 따라 변형된 팀 구성도 가능하다.
- 시간은 20~30분 정도로 한다. 시간제한을 두고 할당량을 부과하면 생산적일 수 있다 (예: 15분 동안 20개의 아이디어 제안).
- 가능한 한 많은 해결책을 쓴다.

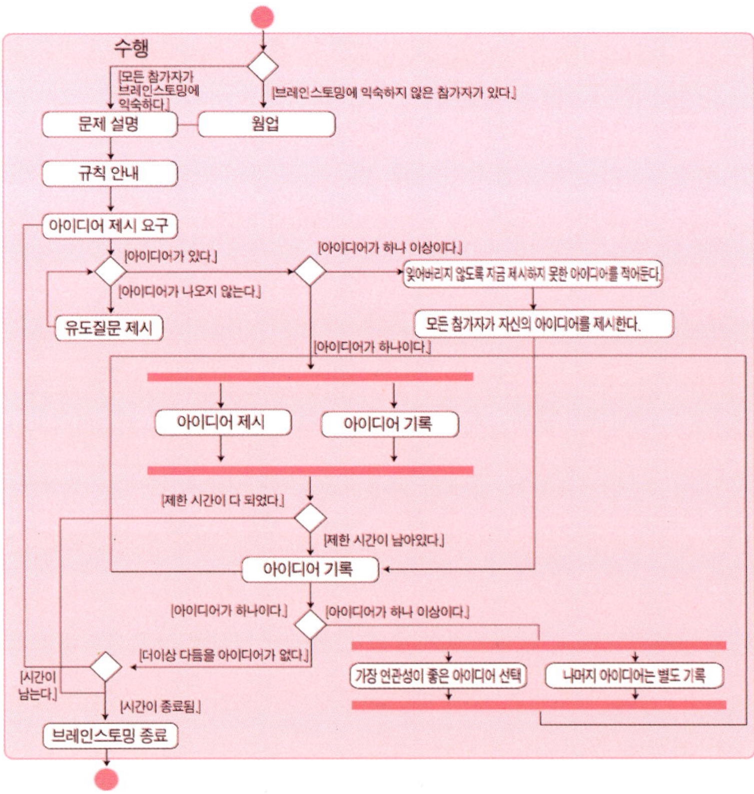


【그림 4-2】 브레인스토밍의 단계별 수행 과정

- 브레인스토밍의 4S 규칙에 따라, 팀원이 제시한 다양한 아이디어에 대해 비판하거나 칭찬하지 않는다.
- 생각해 낸 답의 개수만큼 점수를 얻는다(1개 = 1점).
- 생각해낸 아이디어는 수렴적 사고 실습에 활용하도록 하고, 발산적 사고와 수렴적 사고를 모두 마친 후에, 팀 별로 창의적 사고를 한 결과를 발표하여 최종적인 평가를 한다.

### 4.3.2 브레인스토밍에 사용할 주제 예

실습을 담당하는 강사는 다양한 형태의 주제(혹은 문제)를 팀 별로 제공해 줄 수 있다. 브레인스토밍에 사용한 주제에 대한 〈표 4-4〉와 같다. [그림 4-3]은 브레인스토밍을 위한 실습 용지에 대한 참고 예이다. 강사는 실습 구성원과 주제에 맞추어 적절하게 변형해서 사용할 수 있다.

〈표 4-4〉 **브레인스토밍 주제 예**

- A4 용지 1개로 할 수 있는 것
- 허리를 굽히지 않고 바닥에 떨어진 감자를 집어 올리는 방법
- 운전하는 동안 뜨거운 커피를 엎지르지 않고 마시는 방법
- 엔진 없이 자동차를 움직일 수 있는 방법
- 공 CD 용도 생각하기
- 우산의 용도 생각하기
- 연필의 용도 생각하기
- 콜라 PET 병의 용도 생각하기
- 졸업 후 10년 이내에 최고급 승용차를 갖기 위한 방법
- 안경의 용도 생각하기
- 음료수 캔(깡통)의 용도 생각하기
- 좋은 직장을 갖기 위한 대학 생활
- 대학 시험 또는 보고서에서 Cheating 혹은 복제를 방지하는 방법
- 수건의 용도 생각하기
- 명절 귀향/귀성 문제를 해결하는 방법
- 지우개의 용도 생각하기
- 선풍기의 용도 생각하기
- 전기를 만들 수 있는 방법

……………………………………………………………………

| 브레인스토밍 실습 활동 :<br>다음의 주제에 대해 브레인스토밍을 실습하시오. 실습 전에 리더(팀장)는 브레인스토밍의 절차를 먼저 팀원에게 설명하시오. 실습을 통해 도출된 아이디어는 수렴적 사고 등 이후 과제에서 계속 사용할 예정이니 보관하시오(실습 시간 : 30분). | |
|---|---|
| 팀(조) 원 | |
| 주제 | 연필의 용도 생각하기 |
| 날짜/장소 | |
| 결과물 | 1.<br>2.<br>3.<br>4.<br>5.<br>6.<br>7.<br>8.<br>9.<br>10.<br>11.<br>12.<br>13.<br>14.<br>15.<br>16.<br>17.<br>18.<br>19.<br>20.<br>……………………………………………………………… |

【그림 4-3】 브레인스토밍 실습 용지 예

## 연습문제

| 학 과 | 학 번 | 이 름 |
| --- | --- | --- |
| | | |

4.1-1 '브레인스토밍'이란 무엇이며, 4가지 규칙을 설명하시오

4.2-1 브레인스토밍의 주제를 아래의 보기에서 한 가지를 설정하여 실습 활동표를 작성하시오.

**보 기**

패러다임은 시대적으로 가장 보편성을 가진 사고유형, 규칙, 가치관, 기술 등의 모범을 의미하며 패러다임의 변화에 따른 많은 공학적 문제 해결이 이루어져 왔다. 위의 보기 사례들은 패러다임의 변화로 인한 공학 기술의 발전 및 사회적 인식의 변화를 나열한 대표적인 예이다.

- 미국 주도의 진공관식 전자 제품이 일본 주도의 트랜지스터 전자 제품으로 전환
- 볼펜의 출현으로 그 이전 널리 사용되던 만년필의 선호도 급감
- 휴대 전화의 등장에 따른 공중전화 수요 급감
- 인터넷 통신 문화의 발달에 따른 우편 문화 축소
- 디지털 카메라의 발달에 따른 감광 필름 수요 격감
- 자기 저장 도구의 혁신에 따른 비디오테이프 시장의 감소 및 CD/DVD 시장 증가

**브레인스토밍 실습 활동 :**
다음의 주제에 대해 브레인스토밍을 실습하시오. 실습 전에 리더(팀장)는 브레인스토밍의 절차를 먼저 팀원에게 설명하시오. 실습을 통해 도출된 아이디어는 수렴적 사고 등 이후 과제에서 계속 사용할 예정이니 보관하시오(실습 시간 : 30분).

| 팀(조) 원 | |
|---|---|
| 주제 | 연필의 용도 생각하기 |
| 날짜/장소 | |
| 결과물 | 1.<br>2.<br>3.<br>4.<br>5.<br>6.<br>7.<br>8.<br>9.<br>10.<br>11.<br>12.<br>13.<br>14.<br>15.<br>16.<br>17.<br>18.<br>19.<br>20.<br>…… |

# 제5장

## 분석적 사고

이론 2시간　실습 2시간

## 5.1 사고유형

분석적 사고는 문제 맥락과 세부사항을 개관하려는 인식작용을 말하며, 문제의 발단과 확정, 그 해결방법을 지적하는 방법이다. 분석적으로 사고하는 사람은 처음부터 '의미있는' 경험의 맥락 안에 들어가 있지 않으며, 오히려 먼저 개별적인 사안에 주목하면서, 우리의 경험 세계를 구성하는 내용을 가장 우선적으로 설명하고 측정해야 한다. 분석적 사고유형의 논쟁 스타일은 정확한 설명을 통해 합의에 도달하려고 하며, 이를 통해 구속력을 갖는 것을 표명하려고 한다. 그러므로 이 방법에 의한 그 어떤 것에 관한 진술은 옳거나 그릇된 것으로 입증되며 이를 효율적으로 처리하기 위해서는 비판적 사고를 바탕으로 하여 이루어짐을 알 수 있다.

### 5.1.1 비판적 사고

일반적으로 비판적 사고라 함은 어떤 견해를 받아들일지 또는 어떤 행위를 할지를 결정하기 위해서, 주어진 언어적 및 비언어적 자료의 논리적 구조와 의미에 대한 파악을 토대로 개념, 증거, 준거, 방법, 맥락 등을 고려하여 최선의 판단을 내리고자 하는 것을 말한다. 비판적 사고는 다양하고 복잡하고 난해한 주장, 견해, 이론, 정책, 제도, 행위 등 무수히 많은 언어적 · 비언어적 자료들에 대하여 어떤 것을 받아들이고 어떤 것을 거부하며, 어떤 부분을 어떻게 개선할 수 있는지를 결정하고, 또한 삶의 중요한 고비에서 어떤 행위가 최선인지를 결정하기 위하여, 신뢰성, 정당성, 적합성, 타당성 등을 판단하는 사고이다.

비판적 사고에서는 주어진 자료에 제시된 주장들이 어떤 이유 때문에 정당화되는지를 판단할 뿐만 아니라, 그 이유의 내용이 옳은 지까지도 판단한다. 그 판단이 적용되는 사고의 모든 과정에서 증거를 제대로 사용하였는지, 개념을 올바르게 사용하였는지, 방법을 제대로 적용하였는지, 여러 가지 관련 준거를 제대로 적용하였는지, 맥락을 잘 고려하였는지 등의 측면을 고려하여 판단해야 한다.

비판적 사고의 골간은 물론 형식 논리이다. 그러나 형식 논리만으로는 언어적 · 비언어적 자료 즉 텍스트를 이해하고 평가할 수 없다. 이는 마치 물리학의 이론만으로는 비행기를 날게 할 수 없는 것과 같은 이치이다. 비행기가 날 수 있기 위해서는 물리학의 법칙을 응용하는 공학이 있어야 한다. 마찬가지로 언어적·비언어적 자료를 이해하고 평가하기 위해서는 형식 논리를 응용하는 논리 공학, 즉 비판적 사고가 있어야 한다.

비판적 사고는 타인의 진술이나 기타 표현에 대하여 판단을 내릴 때뿐만 아니라 자신의 사고 과정에도 적용시키는 것이다. 자신의 사고 과정에 이 사고를 적용시키는 것은 곧 자신의 사고에 대한 자기규제적인 평가를 의미한다. 이러한 의미에서 보면 비판적 사고는 주관적 사고와 판단을 객관적 시각에서 검토하고 검증하여 가능하면 올바른 세계관과 가치관을 정립하고자 하는 자아창조적 사고이다. 지적으로나 도덕적으로 성숙한 인간은 비판적 사고에 따라 내린 판단에 근거하여 무엇을 믿을지 또는 행할지에 대한 의사결정을 하고, 또 그런 이유로 인하여 객관적으로 인정받고 환영받는 견해와 행위를 통해 인류의 문화와 역사 발전에 기여하는 것이다. 비판적 사고의 개념을 이해하기 위해서 가장 필요한 것은 비판적 사고의 과정에 관여하는 요소들을 생각해 보는 것이다. 비판적 사고의 핵심 행위인 판단을 하는 과정에는 관련지식, 사고성향, 사고기능의 세 요소가 있다.

### 5.1.2 비판적 사고와 논리적 사고 및 창의적 사고와의 관계

논리적 사고는 타당성(validity)을 그 준거로 가지는 사고인 반면, 비판적 사고는 건전성(soundness)을 그 준거로 가지는 사고라고 구분될 수도 있을 것이다. 그러나 논리적 사고와 비판적 사고 모두 수리 논리적 측면이나 언어 논리적 측면의 어느 한 측면에 대한 강조를 넘어서서 양자 모두에 통합된 적용력을 가진 사고 유형에 대한 연구와 훈련을 추구하고 있다는 점에서 그 지향점이 같다고 봐야 할 것이다. 따라서 연구자들은 일단 비판적 사고와 논리적 사고를 혼용해서 써도 큰 무리가 없다는 데 의견을 같이하고 있다. 실제로 창의성 연구가들은 비판적 사고와 논리적 사고의 핵심은 둘 다 수렴적 사고(convergent thinking) 또는 수직적 사고(vertical thinking)에 있다고 보고 있다.

그러면 비판적 사고와 창의적 사고는 어떻게 다른 것인가? 그것에 대한 답은 비판적 사고는 창의적 사고의 핵심인 발산적 사고(divergent thinking) 또는 수평적 사고(측면적 사고, lateral thinking)를 포함하고 있지 않다는 것이다. 발산적 사고를 그 핵심으로 가지고 있는 창의적 사고와는 달리, 비판적 사고는 그 핵심에 수렴적 사고(convergent thinking)를 지니고 있어, 발산적 사고는 포함하지 않는다는 것이다.

Guilford에 따르면, 발산적 사고의 범주에는 유창성(fluency), 융통성(flexibility), 독창성(originality), 정교성(elaborateness) 등의 요소가 포함된다. 유창성이란 생성해 낸 아이디어의 수를 말하며, 융통성이란 아이디어들이 속하는 범주의 수 즉 다양성을 말하며, 독창성이란 남들이 생성해내지 못한 비범한 아이디어를 생산해 내는 것을 말하며, 정교성이란 아이디어를 상세하게 잘 발달시키는 것을 말한다. 예컨대 벽돌과 같은 물건의 용도를 주어진 시간 내에 가능한 한 많이 나열해 볼 것을 요구하고, 그 요구에 대한 반응의 수가 많고(fluent), 다양하고(flexible), 독특하고(original), 정교한(elaborative) 것 일수록 창의적이라고 본다.

Torrance의 창의성은 이 발산적 사고의 네 요소에다 결점과 문제에 대한 민감성(sensitivity) 및 재정의(redefinition)와 같은 능력을 추가한다. 재정의란 통상적이고 기존에 사용하던 방식과는 다른 방식으로 들여다보고 지각하기를 말한다. 이러한 이해를 토대로 그는 창의적 사고와 발산적 사고가 같은 것은 아니라고 결론 내린다. 그것은 창의적 사고에는 발산적 사고에는 없는 '문제를 재정의하는 능력'과 '문제에 대한 민감성'도 포함된다고 그는 믿기 때문이다. 재정의 능력이란 사상의 변형, 재해석 그리고 기능적 고착에서 벗어나 독특한 해결을 생성해 내는 것 등이 포함된다. 문제에 대한 민감성은 괴리나 결손 등을 민감하게 관찰할 줄 아는 것이기 때문에 (그래서 '의문'과 '문제'가 제기될 수 있기 때문에) 창의적 사고 과정을 움직여가게 하는데 특히 중요한 것처럼 보인다.

결국 비판적 사고와 논리적 사고 및 창의적 사고의 관계를 간략히 요약하여 말하자면, 비판적 사고와 논리적 사고는 대체로 같은 것으로 생각할 수 있으며, 비판적 사고와 창의적 사고의 차이의 핵심은 발산적 사고의 포함 여부에 있다는 것이다. 이들의 관계를 〈표 5-1〉에 있는 사고력의 7범주 속에서 찾을 수 있는데, 연구자들은 단순 기억 능력이나 상기(recall) 능력과 같은 저차적 사고 능력을 제외한 고차적 사고 능력을 7범주로 구별하고 있다. 수리성 방향의 최고 능력으로 기호적 사고(Formal Symbolic Thinking)가 있으며, 예술성 방향의 최고 능력으로 상징적 사고(Material Symbolic Thinking)가 있다. 기호적 사고는 수렴적 사고/수직적 사고의 최고봉이라 할 수 있으며, 상징적 사고는 발산적 사고/

〈표 5-1〉 사고력의 7범주

<table>
<tr><td>⇐<br>수리성 방향</td><td colspan="4">비판적 사고</td><td colspan="2">⇒<br>예술성 방향</td></tr>
<tr><td>Formal Symbolic Thinking<br>기호적 사고</td><td>Analytic Thinking<br>분석적 사고</td><td>Inferential Thinking<br>추론적 사고</td><td>Synthetical Thinking<br>종합적 사고</td><td>Alternative Thinking<br>대안적 사고</td><td>Divergent Thinking<br>발산적 사고</td><td>Material Symbolic Thinking<br>상징적 사고</td></tr>
<tr><td></td><td>개념적 분석<br>텍스트 분석</td><td>분석적 추론 :<br>연역법<br>종합적 추론 :<br>귀납법</td><td>논리 퍼즐<br>의사 결정<br>민감성<br>전체적 조감</td><td>발상 전환<br>대안 창안<br>시야 확장<br>재정의<br>발상전환적<br>문제해결</td><td>유창성<br>융통성<br>독창성<br>정교성</td><td></td></tr>
<tr><td colspan="4">논리적 사고</td><td colspan="3">창의적 사고</td></tr>
</table>

수평적 사고의 최고봉이라고 할 수 있다. 이런 점에서 이 두 사고능력은 매우 중요한 사고능력이기는 하나, 보다 보편적이고 일반적 사고 능력인 비판적 사고에 관한 논의를 할 때는 그 차지하는 비중이나 관련성이 상대적으로 작다.

수렴적 사고의 최고봉이라 할 수 있는 기호적 사고의 대표적 예로는 형식 논리학이나 수리 논리학적 업적 등과 관련된 예들을 들 수 있다. 산술의 완전하고 일관적인 형식화는 불가능하다는 불완전성 정리를 증명한 괴델이나, 수학원리(Principia Mathematica)를 쓴 러셀과 화이트헤드, 그리고 디지털 컴퓨터의 이론적 오토마타인 튜닝 머신(Turing Machine)을 고안한 알란 튜링 등이 모두 이러한 기호적 사고 능력을 잘 발휘하여 인류에 큰 기여를 한 예들이다.

발산적 사고의 최고봉이라 할 수 있는 상징적 사고는 실증적 방식의 사고와 대비되는 것으로서, 예를 들어, 형상화할 수 없는 초자연적인 세계, 내면(內面), 관념 등을 상징 · 우의(寓意) · 표징 등의 수법으로 이미지의 매개를 통해 발전, 전개시키고, 전달하는 사고 기능을 말한다. 상징적 사고의 대표적 예로는 예술가들의 창작 활동을 들 수 있다. 훌륭한 예술가들은 상징의 형태로 담겨있는 진선미성의 의미를 파악해내고 표현해 냄으로써 인류에 기여를 하는 것이다. 예술가들은 무절제한 상상력(단순한 발산적 사고)이 아닌 상징적 상상력을 통해 훌륭한 작품들을 창조해내는 것이다.

플라톤은 '창의성'을 상징하는 뮤즈 여신들의 후예인 시인이나 비극작가들을 자신의 이상 국가에서 추방하였다가 후에 다시금 자신의 이상 국가 속으로 받아들인다. 그것은 초기 플라톤의 예술관에 따르면, 예술(창의적 작품)은 한낱 임의적이고 통제되지 않은, 따라서 진리와는 동떨어진 무절제한 상상력의 산물일 뿐이었으나, 후기 견해에 따르면, 예술은 철학적 진리를 나타내는 상징적 상상력의 산물일 수 있기 때문이었다. 플라톤은 나이가 들어감에 따라 상징(symbolism)이 그 본성상 상상적 형식 속에 가려져 있는 진리를 파악해 내는 통로일 수 있음을 깨달았던 것이다.

앞서 말한 바와 같이, 보다 보편적이고 일반적인 수준의 사고 능력인 비판적 사고 능력에는 이 기호적 사고와 상징적 사고와 같은 특수 사고 능력은 포함되지 않는다. 물론 비판적 사고 능력에 대한 훈련과 계발이 기호적 사고나 상징적 사고 능력의 계발에 도움이 안 된다거나 무관하다는 것을 의미하는 것은 아니다. 이와는 반대로, 그러한 특수 능력들에 대한 훈련과 계발의 핵심적인 통로가 바로 비판적 사고 훈련과 계발일 것이다. 그러나 비판적 사고 자체가 바로 기호적 사고나 상징적 사고를 의미하거나 포괄하는 것은 아니라는 것이다.

사고력의 7범주 중 기호적 사고와 상징적 사고의 2개 범주를 뺀 나머지 5개 범주는 보다 보편적이고 일반적인 수준의 사고 능력이라 할 수 있을 것이다. 이 보편적이고 일반적인 수준의 사고능력 5개 범주 중에서 발산적 사고(divergent thinking)를 뺀 나머지 4개 범주가, 즉 분석적 사고(analytical thinking), 추론적 사고(inferential thinking), 종합적 사고(synthetical thinking), 대안적 사고(alternative thinking)가 비판적 사고의 범주에 포괄되는 사고 능력이라 할 수 있다.

분석적 사고는 이해력과 분석력을 모두 포괄하는 사고기능으로, 이해력에는 의미 파악 능력, 번역 능력, 해석 능력, 외삽 능력 등이 포함되며, 분석력은 이해력보다 약간 높은 수준에 있는 기능으로서, 자료를 그 구성성분으로 분해하고, 그 부분간의 관계와 그것이 조직되어 있는 방식을 발견해 내는 능력이다.

〈표 5-2〉 창의적 사고 vs 분석적 사고

| 창의적 사고 | 논리적 사고 |
|---|---|
| 많은 가능성 있는 대답을 산출한다. | 하나의 정확한 해결을 산출한다. |
| 따라야할 어떠한 규칙도 없다. | 명확한 규칙을 따른다. |
| 융통성이 있고, 상황이나 문제에 따라서 변화시키거나 버릴 수 있다. | 엄격하고 경직되고, 규칙은 변할 수 없다. |
| 주변 가까이에 있는 사실이나 문제와 연결된 정보를 추구한다. | 문제와 명확한 관련을 갖는 사실에 입각한 정보를 추구한다. |
| 많은 다른 방향으로 뻗어나간다. | 결론에 이르는 한 가지 추론을 따른다. |
| 독창적이고 독특하고 다양한 것을 다룬다. | 주어진 분야에 존재하는 지식을 다룬다. |
| 직관적이거나 추측적일 수 있다. | 사실적이거나 추론적이다. |
| 특별한 핵심이나 초점을 필요로 하지 않는다. | 초점이 되고 핵심을 향하는 생각을 가져야만 한다. |
| 주어진 문제에 대하여 무엇이 옳은지 혹은 적절한지를 찾는다. | 분석적이고 비판적이다. |
| 사실이 아니거나 심지어는 공상도 다룰 수 있다. | 가능하거나 현실적인 것을 다룬다. |
| 현실을 창조할 수 있다. | 객관적인 사실을 다룬다. |
| 추측이나 우연적 사실을 포함해 수 있다. | 논리에는 다른 여지가 있을 수 없다. |
| 지속적인 창의적인 사고는 기분을 북돋우고 활기차게 한다. | 지속적인 논리적 사고는 정신을 지치게 하고 소모시킨다. |
| 모든 정신적 힘과 에너지는 산출과 문제해결의 추구에 소모된다. | 어느 정도의 정신적인 힘과 에너지는 규칙을 따르고, 오류에 빠지지 않도록 경계하거나 관련성이 없는 생각을 지우는데 소모된다. |

추론적 사고는 연역 추론 능력과 귀납 추론 능력으로 구성되며, 어떤 주장에 대한 정당한 근거를 제시하거나, 주어진 자료로부터 어떤 결론을 도출해 낼 줄 아는 능력을 말한다. 종합적 사고는 여러 개의 요소나 부분을 전체로서의 하나가 되도록 묶는 능력으로서 창의적 사고력과 유사한 능력을 말한다. 대안적 사고는 주어진 사태에 대해 발상 전환적 접근

을 하거나, 시야의 지평을 확대하여 문제에 접근을 하거나, 보다 나은 대안을 창안해 낼 줄 아는 능력을 말한다. Torrance가 말하는 창의성 개념 중의 '재정의'가 바로 이 대안적 사고에 해당한다고 볼 수 있다.

종합적 사고와 대안적 사고는 창의적 측면을 부분적으로 그 자체 속에 포함하고 있다는 점에서 하나로 묶일 수 있으며, 앞으로 우리가 제시할 하위분류에서는 변증적 사고 영역이란 이름으로 하나로 묶이게 될 것이다. 변증적 사고의 핵심이 종합과 새로운 대안 추구라고 볼 수 있으므로 종합적 사고와 대안적 사고를 변증적 사고의 이름하에 묶는 것은 적절할 것이다.

## 5.2 수렴적 사고

창의적인 아이디어를 생성해 내는 것만으로는 충분할 수가 없다. 왜냐하면 여러 개의 아이디어(대안)들 중에서 우리가 선택하여 실천할 수 있는 것은 한 개 또는 몇 개뿐 일 것이다. 발산적으로 생성된 많은 정보나 질문, 감정 등을 현재의 상황에 비추어 좀 더 잘 이해할 수 있도록 자료를 거르고 분류하고 조직화하는 사고가 수렴적 사고이다. 실제적으로 적용해 보거나 문제를 해결하기 위한 대안을 찾는 것이 목적이라면, 발산적 사고 못지않게 수렴적 사고도 중요하다. 그리고 생성된 아이디어들은 심사하고 분류하고 평가하는 가운데서 더 나은 것으로 진화되며 또 다른 아이디어로 개발될 수 있기 때문에 수렴적인 사고와 발산적인 사고는 서로 균형적으로 활동되어야 한다.

### 5.2.1 수렴적 사고의 종류

- 히트(hits) 기법
- 하이라이팅(highlighting) 기법
- 평가행렬표(evaluation matrix)
- 쌍비교분석법(Paired Comparison Analysis, PCA)
- ALU(Advantage, Limitation and Unique Qualities)
- PMI(Plus, Minus and Interesting)

- P-P-C(Positive-Possibilities-Concerns) 대화기법
- 역브레이밍 기법

### 5.2.2 수렴적 사고의 목적과 용도

수렴적 사고는 이미 생성되어 있는 아이디어나 정보를 여러 가지 기법을 통하여 분류하고, 따져보고 분석해 봄으로써 가장 효과적이고 바람직한 대안을 유도해 내는 것이 목적이다. 이때, 아이디어나 대안을 한 쪽 방향에서만 평가해서는 안 되며, 생산적인 사고로 해결해야 한다. 수렴적 사고 도구를 활용할 때 몇 가지 유의할 점이 있다.

첫째, 모든 수렴적 사고에서 특별히 강조하고 있는 것은 '긍정적인 판단'이다. 판단은 대안들을 분석하고 평가할 때 그것을 잘라내는 것보다는 더욱 개발해가는 방향으로 다루어 가는 것을 강조한다. 대안의 강점이나 긍정적 측면을 살펴보고 단점을 죽이기보다는 단점에 대하여 '어떻게 이러한 단점을 보완할 수 있을까', '어떻게 하면 이러한 면을 수정할 수 있을까'와 같은 질문을 통하여 단점을 수정하고 보완해 나간다.

둘째, 신중해야 한다. 수렴 도구와 전략을 목적에 맞도록 잘 활용해야 하며 체계적으로 계획을 공개하여 숨은 준거를 찾도록 해야 한다.

셋째, 신기성을 고려해야 한다. 독창적인 아이디어는 신기성을 배제할 수 없다. 신기하고 독특한 것일수록 얼른 보아서는 멍청하고 하잘 것 없어 보이기 쉽다. 그래서 독창적인 것을 최대한 살리기 위해서는 신기로운 면을 보완해 나가도록 한다.

넷째, 언제나 목표에다 초점을 두고 거기에서 벗어나지 말아야 한다. 지금, 논의하고 분석하고 따져보는 수렴하고자하는 목적이 무엇인가를 염두에 두어야 한다. 그러기 위해서는 구성원들이 이해관계를 가지고 있어 의견 일치가 되지 않을 때는 문제해결을 목표가 뭔지를 수시로 점검하고 확인해야 한다.

발산적 사고기법들이 그러하듯이 수렴적 사고기법 또한 사용하는 목적에 따라 그 사고기법의 용도가 다르다. 많은 대안들 중에서 좁혀 가야할 대안들의 수가 얼마인가에 따라 적절한 기법을 선택하여 사용할 수 있다. 생성된 대안의 수가 너무 많을 때는 먼저 히트기법으로 선택을 한다. 선택된 대안들을 몇 개의 범주로 분류하는 작업이 하이라이팅 기법이

다. 하이라이팅 기법에 의해 분류된 대안들을 평가해 보려고 하면 평가행렬표를 작성해 볼 수 있다. 그리고 공통된 영역으로 분류된 것을 쌍비교분석을 통하여 우선순위를 매겨 본다. 이렇게 우선순위가 매겨진 것들 중에서 3~5개를 선정하여 대안 하나 하나를 좀더 구체적으로 분석해본다. 분석할 때 사용되는 기법들은 ALU, PMI, P-P-C 대화기법 역브레인스토밍 등이다. 역브레인스토밍은 대안의 수가 10개 미만일 때 활용하는 것이 효과적이다. 구체적으로 나타내면 대안의 선택 히트기법 → 대안의 분류나 축소 하이라이팅 기법 → 평가행렬표 → 우선순위 매김(PCA) → 분석ALU, PMI, P-P-C 대화기법이다. 그러나 반드시 위의 제시된 순서를 지킬 필요는 없다. 발산된 아이디어가 3~4개이면 히트기법이나 하이라이팅을 할 필요 없이 바로 ALU, PMI와 같은 기법으로 분석해 보면 된다. 그리고 생성된 아이디어가 10개 이내이며 우선순위 매기는 것만이 목적이라면 쌍비교 분석만 하면 된다. 그러므로 문제해결의 목적을 아는 것이 우선이며 다음은 어떤 사고 기법을 어떻게 활용해야 하는가이다.

### 5.2.3 수렴적 사고기법

생성된 많은 아이디어들을 선택하고 분류하고 평가하고 분석하기 위한 수렴적 사고기법들을 실제의 예와 함께 해보도록 한다. 발산되어 있은 아이들을 히트기법에 의하여 축소시키고, 하이라이팅 기법으로 분류를 한 후에 평가행렬표나 쌍비교분석법(PCA)을 통하여 평가하거나 우선순위 매기는 요령을 차례대로 살펴보기로 한다. 우선순위로 선정된 몇 개의 대안들을 구체적으로 분석하기 위하여 사용되는 역브레인스토밍, ALU, PMI, P-P-C 대화기법들 중에서는 PMI기법은 실제로 해보도록 하고 나머지 역브레인스토밍 ALU, P-P-C 대화기법들은 활용 방법만 간략하게 안내하고자 한다.

## 5.3 Highlighting

여러 가지의 대안들을 기본적인 몇 개의 범주로 압축하여 분류하기 위한 수렴적 사고도 발산적 사고기법을 사용하여 생성된 아이디어들 중 괜찮다고 느껴지는 아이디어들을 선택한다(이 아이디어를 히트(Hit)라 함). 이들을 공통적인 측면이나 요소에 따라 묶음(결집,

cluster)을 만드는데, 이를 적중 영역(hot spots)이라 한다. 하이라이팅은 이러한 적중 영역을 문제해결에 적합한 형태로 수정하고 발전시켜서 더 나은 대안으로 만들어가는 기법이다. 이 방법은 먼저 직관에 의하여 분류해 보는데, 같은 성격의 아이디어이거나 대안들 간의 어떤 관계를 중심으로 공통 주제끼리 영역을 만들어 조직화한다. 조직화된 영역에서는 공통의 주제(명칭)를 붙인다. 하이라이팅을 하기 위하여 먼저 히트한 대안에 번호를 부여한다.

### 진행순서

① 생성된 아이디어들을 나열하고 차례대로 번호를 매긴다.

② 아이디어를 차례로 음미해 보면서 그럴 듯해 보이는 대안을 골라낸다. 아이디어의 실현 가능성은 고려하지 않아도 된다.

③ 골라낸 대안들 중 서로 관련되어 있는 것 같이 보이는 아이디어들을 결집시켜 적중영역을 만들고 골라낸 아이디어를 적중영역별로 분류한다.

④ 각 적중 영역을 검토해 보고 그것이 의미하는 것이 무엇인지를 재 진술한다.

⑤ 문제의 요구를 가장 잘 만족시키는 것으로 판단되는 적중 영역 하나를 선택한다. 두 개 이상의 적중 영역을 조합하여 하나의 해결책을 만들어도 좋다.

### 적중 영역 분류

| 건강 | 농사 | 사회 | 교육 | 경제 |
|---|---|---|---|---|
| A8 | A2 | A3 | A10 | A1 |
| A13 | A6 | A4 | A11 | A6 |
| A14 | A7 | A9 | | |
| | | A12 | | |

### 하이라이팅 기법의 예

| 주제 : 환경오염을 줄이기 위해 우리가 할 수 있는 방법 | |
|---|---|
| A1 자동차를 없애자 | A8 자전거를 타고 다니자 |
| A2 나무를 많이 심자 | A9 샴푸를 쓰지 말자 |
| A3 분리수거를 철저히 하자 | A10 환경 캠페인을 벌리자 |
| A4 플라스틱 용기를 사용하지 말자 | A11 환경에 대한 수업을 받도록 하자 |
| A5 가축 농장을 현대화 하자 | A12 음식물 찌꺼기를 줄이자 |
| A6 공장을 없애자 | A13 걸어서 다니자 |
| A7 비료를 쓰지 말고 유기농 농사를 하자 | A14 담배를 피우지 말자 |

### 선택된 해결책

환경오염을 줄이기 위해 우선 개개인이 할 수 있는 면으로 자전거를 타고 다니거나 걸어서 다니고, 사회적인 면에서는 분리수거를 하고 플라스틱과 같은 일회용 용품 사용을 자제하며, 교육적인 면에서는 환경 관련 캠페인에 동참하도록 하자.

## 5.4 ALU와 PMI

창의적 문제해결 과정에 있어서 CPS는 대표적인 접근법이다. '브레인스토밍'이 CPS의 발산적 사고에서 사용하는 기본적인 사고 도구라면, ALU는 수렴적 사고 도구의 기본이 된다. ALU는 Advantage, Limitation and Unique Qualities의 이니셜 문자로서, 문제 대상에 대하여 '강점-제한-독특한 특성'을 사고함으로써 문제해결을 촉진하는 방법이다. 먼저 강점, 이점, 장점을 고려하고, 다음으로 '제한' 또는 개선이 필요한 영역을 찾아내며, 각 대안들이 가지고 있는 '독특한 특성'을 확인한다. PMI는 De Bono가 CoRT에서 말한 것으로, 어떤 계획을 세우거나 결정을 내릴 때 미리 분명하게 생각해 볼 문제들 중에 하나로 꼽는 것이다. PMI(plus-minus-interesting)는 주의 집중의 도구라 말할 수 있는데, 제안된 아이디어의 장점, 단점, 흥미로운 점을 따져본 후 아이디어를 평가하는 방법으로 처리하는 과정을 먼저 주의를 집중시킬 때는 P(강점)를 의도적으로 이용한다. 그 다음으로 M(약점)에, 그리고 마지막으로 I(흥미로운 점)에 주목하여 생각을 하게 한다. 이는 아이디어나 제안을 다룰 때 열린 마음의 태도로 다루게 하기 위하여 의도적으로 사용하는 도구이며 그것은 결정을 막으려는 것이 아니라 긍정-부정의 모든 측면을 연속적으로 고려한 후 최종적인 결정에 이르게 하는 것이다.

| 아이디어 | 설 명 |
|---|---|
| P(Plus) | 좋은 점, 긍정적인 측면, 더하기, 강점, 아이디어에 대한 좋은 점 |
| M(Minus) | 나쁜 점, 부정적인 측면, 빼기, 약점, 아이디어에 대한 나쁜 점 |
| I(Interesting) | 좋지도 나쁘지도 아니하지만 흥미롭다고 생각되는 점, 새로운 대안, 독특한 점 |

## 활용방법

PMI를 할 때는 먼저 주의를 의도적으로 P에 집중시킨다. 그 다음으로 M에 그리고 마지막으로 그 아이디어가 가지고 있는 I에 주목하여 생각을 한다. 이것은 대단히 의도적인 것으로 대개 2-3분 내에 이루어진다. 어떤 아이디어를 좋아한다거나 또는 좋아하지 않는다고만 말하는 대신 우리는 PMI를 사용할 수 있다. 먼저 좋은 점을, 다음으로는 나쁜 점을, 그리고 그 다음으로는 좋지도 나쁘지도 아니하지만 흥미롭다고 생각되는 점을 나열함으로써 아이디어, 제안 및 건의 같은 것들을 처리하는 한 가지 방법으로써 사용할 수 있는 것이다.

## 원리

① 처음에는 좋지 못한 의견처럼 보이지만, 사실은 아주 좋은 의견일 경우 이를 제외시키지 않는다는 데 원리를 두고 있다.

② 매우 좋은 의견처럼 보이는 것의 단점을 생각한다.

③ 아이디어가 좋고 나쁜 점뿐만 아니라 흥미로운 점까지 보여준다.

④ 감정에 의해 판단하는 것을 지양하고 의견의 장단점에 근거를 두고 판단한다.

⑤ 미리 아이디어를 탐색한 후에 선호여부를 판단할 수 있다.

## 순서

① PMI기법으로 다룰 주제를 선정하고 그것에 대해 기술한다.

② 주제가 정해지면 3부분으로 나누어서 P, M, I로 구분하고 도출해낸다.

③ P에 해당하는 장점을 더욱 살릴 수 있도록 보완을 한다.

④ M에 해당하는 점에 대한 원인과 대책을 제시한다.

⑤ I에 해당하는 흥미로운 점을 새로운 대안 도출의 원천으로 삼는다.

다음은 PMI기법을 활용한 예이다.

| 아이디어 | 버스 안에 있는 좌석은 모두 치워버려야 한다. |
|---|---|
| P(Plus) | - 버스에 더 많은 사람이 탈 수 있다.<br>- 버스를 타거나 내리기가 더 쉽다.<br>- 버스를 제작하거나 수리하는 비용이 싸게 될 것이다. |
| M(Minus) | - 버스가 갑자기 서면 승객들이 넘어질 것이다.<br>- 노인이나 지체부자유인들은 버스를 이용할 수 없을 것이다.<br>- 쇼핑백을 들고 다니거나, 아기를 데리고 다니기가 어려울 것이다. |
| I(Interesting) | - 한 가지는 좌석이 있고, 다른 한 가지는 좌석이 없는, 두 가지 유형의 버스를 생각하게 하는 흥미로운 아이디어이다.<br>- 같은 버스라도 유형을 달리하면 일을 더 많이 할 수 있다.<br>- 버스에서는 편안함이 별로 중요하지 않을 수도 있다는 재미있는 아이디어이다. |

| 아이디어 | 1교시 강의가 오전 8시에 시작한다면 어떨까요? |
|---|---|
| P(Plus) | 1교시 강의가 오전 8시에 시작하게 될 때의 바람직한 점을 쓰시오. |
| M(Minus) | 1교시 강의가 오전 8시에 시작하게 될 때의 문제점을 쓰시오. |
| I(Interesting) | 1교시 강의가 오전 8시에 시작하게 될 때의 흥미로운 점을 쓰시오. |

## 연습문제

| 학 과 | 학 번 | 이 름 |
|---|---|---|
| | | |

5.1-1 논리적 사고와 창의적 사고의 특징의 유형을 설명하고, 자신은 논리적 사고와 창의적 사고 중 어떤 사고에 바탕을 두고 있는지 살펴보고 자신의 긍정적인 모습을 열거하시오.

5.2-1 수렴적 사고의 종류와 특징을 설명하시오.

5.3-1 하이라이트(Highlighting) 기법으로 임의의 주제를 설정하여서,

i) 주제에 대한 방법을 열거하고, ii) 적중영역으로 분류하고,

iii) 최종 선택된 해결책을 제시하시오.

5.4-1 "모든 강의를 90분 수업으로 운영하면 어떨까요?"의 주제에 대해서 PMI 기법으로 P(바람직한 면), M(문제점), I(흥미로운 면)을 제시하여 최종 해결책을 제시하시오.

# 제6장

# 문제 정의

## 6.1 문제점의 정의

문제라는 단어는 넓은 범위의 상황을 망라한다. 신속하게 확산되고 있는 컴퓨터 바이러스는 명백히 어떤 치유책을 필요로 하는 바람직스럽지 못한 상황이나 문제이지만, 이미 잘 작동 하고 있는 손목시계의 디자인을 개선하고자 하는 욕망도 역시, 비록 의도적으로 선택된 도전이라는 의미에서지만, 하나의 문제가 될 수 있는 것이다. 그렇지만 문제의 넓은 범위는 또한 그 해결 방식에 있어서도 다양하게 나타날 수 있게 된다. 시계 문제는 문제해결자 자신에 의해서 만들어진 문제라고 할 수 있는 반면에, 바이러스 문제는 문제해결자의 밖에 그 원인을 갖고 있다.

문제의 해결을 위해서는 문제란 것이 어떻게 나타나는가를 먼저 알아보아야 한다. 문제를 푸는 데에서 가장 근본적인 질문인 '문제가 존재하는가?'에 대한 대답을 하기 전에, 우리는 문제가 무엇인지를 이해할 필요가 있다. 문제가 어떻게 정의되는 지를 이해하는 것이 문제를 인식하는 데에 따르는 혼란을 줄이는 데에 도움이 된다.

아리스토텔레스는 "한 문제로부터 탈출할 수 있는 최고의 방법은 그것을 푸는 것이다." 라고 하였다. 문제는 어떤 사람이 한 상황에서 바람직한 변화를 인식해낼 때 존재한다. 문제의 개념을 확실히 이해하지 않고 문제를 풀려고 서두르는 것은 그 문제에 대한 분명한 해답을 도출하는 데 있어서 실패할 수 있다. 많은 문제들은 한 개 또는 그 이상의 이전의 원인들의 결과이며, 그리고 좋은 해법을 위해서는 인과 관계의 성질을 이해하는 것이 필요하다.

문제를 인식하고 정의하는 일은 매우 어려운 일이다. 문제점을 정의하기 위해서는 해결해야 하는 문제점들을 구체적으로 찾아내는 과정이 필요하다. 이렇게 찾아낸 문제점들을 해결목표와 해결방법을 정량적이고 체계적으로 설정하는 과정이 문제해결을 위한 문제 정의하는 과정이 된다.

엔지니어링 문제는 대개 엔지니어의 매우 신중한 주의가 요구되는 모호함과 정의의 결핍으로 나타난다. 수많은 상황에서 엔지니어는 주어진 상태에서 무언가가 잘못되었다는 것은 알지만 그 잘못의 원인이 무엇인지는 밝히 알지 못한다.

따라서 엔지니어의 첫째 임무는 문제가 무엇인지 결정하는 것, 즉 해결해야 할 문제를 가능한 한 정확하게 정의하는 것이다. 공학은 우리가 사용하는 공산품의 안전성, 편의성, 효율성, 경제성, 쾌적성 등을 개선하는 활동이다. 이러한 것들을 개선하기 위하여 현재 처해 있는 상황과 앞으로 개선해야 할 상황들이 정의될 필요가 있으며, 이러한 변화가 요구되는 상황들이 모두 문제점으로 정의될 수 있다.

창의적 문제해결 과정 중의 첫 번째 단계인 '문제 정의'에서 해야 할 일은 [그림 6-1]에서 설명한 현재의 문제 상태 A와 향후 개선된 상태 B를 올바로 명확히 정의하는 일이다. 또한 이 정의를 문법적 오류가 없고 의미가 정확하게 전달되는 간결하고 명쾌한 문장으로 만드는 것이다. 어떤 문제가 올바로 정의되었을 경우 그 문제는 해결될 가능성이 있지만, 문제정의가 잘못되어서 문제의 핵심을 찾아내지 못한다면 문제의 해결은 이룰 수 없다.

【그림 6-1】 문제 정의

문제 정의 과정은 진짜 문제의 원인이 어디에 있는가를 찾는 과정으로써 분석적인 좌뇌와 감성적이고 시각적인 우뇌를 이용하여 문제의 근원을 찾아 나간다. 문제정의과정의 결과물은 문제의 핵심이 정확하고 간결하고 긍정적인 문장으로 표현된 문제정의문의 형태로 나타난다.

미숙한 엔지니어에 의해 행해지는 가장 흔한 실수는 해결해야 할 문제를 적절하게 정의하기 전에 바로 해석으로 나아가는 것이다. 사실상 많은 엔지니어는 전혀 문제를 정의하지 않고, 대신에 유사한 문제에 대해 다른 엔지니어가 제공한 해결책을 탐색하는 것으로 시작한다. 신진 엔지니어는 처음에는 흔히 너무나 좁게 문제를 정의하려 한다. 초기 단계에서 지나치게 제한된 문제 정의는 문제해결에 필요한 상상력 있는 접근을 하지 못하도록 방해한다.

효과적인 문제 정의는 대개 상황의 본질적인 요소, 즉 알려진 것과 알려지지 않은 것, 그리고 요구되는 것을 결정하기 위해 상황에 대한 철저한 조사로부터 시작한다. 그렇다면 문제 정의의 본질적인 요소는 무엇인가? 먼저 우리는 문제를 야기하는 어려움을 밝힐 때까지 문제를 제기할 수 없으며, 문제해결을 위한 목표나 결정기준이 관심 있는 상황과 어떤 관련이 있는지를 분명히 할 때까지 이 어려움을 밝힐 수 없다는 점은 분명하다.

문제 정의 단계의 다음 측면은 해결책을 평가하는 데 이용되는 적절한 제한요건과 결정기준을 파악하는 것이다. 이 단계는 문제에 대한 더 자세하게 진술하도록 한다. 이 단계에서 엔지니어는 대개 본질적인 특징을 파악하고, 모델을 단순화하기 위한 가정을 도입함으로써 실제 문제의 개념적 모델을 개발한다. 그들은 복잡한 문제를 그것들의 본질적인 요소로 분해하여 그것들이 담고 있는 것을 보기 위하여 이 요소들의 각각을 조사한다. 그들은 문제의 해결책을 용이하게 하기 위하여 적절한 자료나 정보에 대한 탐색을 시작한다.

문제를 정의하기 위해서 문제의 포괄적인 목표에 따른 세부목표를 설정해야 한다. 예를 들어 MP3 플레이어의 휴대성을 개선하자는 문제가 정의되었다면 이에 따른 세부목표들에 대한 문제정의를 하여야 한다. 세부 목표로써는 Bluetooth 기능을 추가하여 PC에 연결하지 않아도 MP3 플레이어 간에 데이터 송수신이 가능하게 하고, MP3 플레이어의 무게를 더 가볍게 만든다든가, 전력 소모를 줄여서 재충전의 불편함을 감소시키며, 강도를 더 높여 흠집이 나지 않도록 하는 등의 세부 문제들이 정의되어야 한다.

## 6.2 문제점의 순서

문제를 정의하기 위한 순서는 문제점을 집어내기 위한 단계와 해결해야 할 문제 정의하는 단계가 있다. 문제점을 집어내기 위한 단계는 막연한 요구사항으로부터 해결해야 할 문제점들을 구체적으로 찾아내는 과정이다. 이렇게 찾아낸 문제점들의 해결 목표와 해결방법을 정량적이고 체계적으로 설치하는 과정이 해결해야 할 문제 정의하는 단계이다.

문제점 집어내기 과정에는 자료수집, 자료분류, 중요도 설정, 기술적 언어로 전환하는 단계가 있으며, 문제점 정의하기 과정에는 문제정의, 성공 짗 설정, 해결 일정 수립 등의 단계가 있다. [그림 6-2]에서는 문제의 정의 과정을 도식화하여 나타내었다.

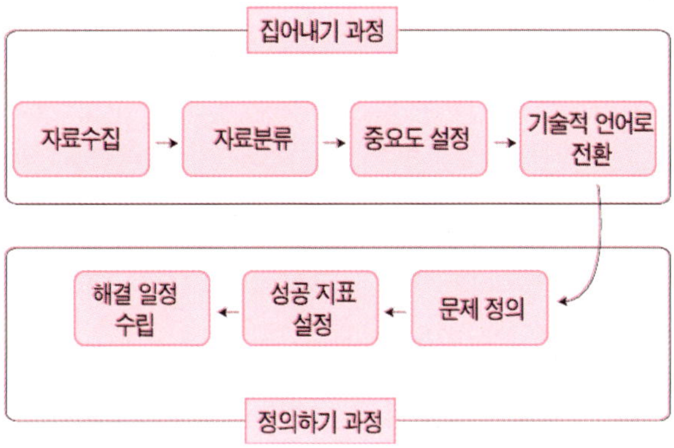


【그림 6-2】 문제 정의 과정

## 6.2.1 문제점 집어내기 과정

### 1) 자료 수집 과정

문제점 집어내기의 첫 번째 과정은 자료수집 과정이다. 문제 제기자로부터 도구 사용 중 불만사항을 발견하도록 하여야 하며, 특정 목적 관련 대상물을 찾도록 해야 한다. 이를 위해서 요구 사항들을 포괄적이면서 다양하게 조사되어야 하며 이러한 요구사항들이 어떤 경로를 통해서 이루어지는지에 대해 그 출처를 알아내도록 해야 한다.

이러한 자료 수집 방법으로는 의견조사와 자료조사로 구분될 수 있다. 의견조사로는 제품의 문제점 도출용 또는 새로운 제품의 필요성 여부 확인하며, 반영하는 요구의 경중을 비교 가능한 수치로 나타내도록 해야 한다. 의견조사시의 주의사항으로는 조사대상 모집단 선정 및 표본 추출방법 선택, 통계기법에 의한 데이터 처리 방법 등이 있다.

자료조사는 현황을 분석하고 미래 시장의 규모를 예측하는데 사용하며, 판매 동향 분석, 유사 제품 분석 등에 자주 사용된다.

### 2) 자료 분류

수집된 자료는 중요도가 서로 다를 수 있으며, 다양한 종류의 요구들이 뒤섞여 있는 경우가 많다. 또한 서로 상치되는 요구들이 있을 가능성도 있다. 따라서 필요한 자료들을 골라내는 작업이 중요하다.

자료 분류 작업에는 포괄적인 차원에서 여러 문제들을 논의하는 목적을 정확히 설정해야 한다. 이를 위해 의견조사, 자료조사 결과물 및 자기 의견, 브레인스토밍 등으로부터 얻어진 자료들의 항목들을 열거해야 한다. 이렇게 제시된 여러 항목들을 읽어보아 필요한 항목을 추가하여 제출된 항목들을 공유하도록 한다. 이를 통해 얻어진 분류된 자료들에는 제목들 붙이도록 하고, 분류 집단이 많으면 각 그룹들을 유사한 것끼리 모으는 단계를 거치게 된다. 이러한 작업은 분류개수가 적절한 규모(4개 내외)가 될 때까지 반복하여 진행하도록 한다.

### 3) 중요도 결정

문제점들이 각 항목별로 분류되면 각 항목들의 중요도를 평가해서 중요한 해결과제를 선정해야 한다. 이 때 중요도를 결정할 때에는 정량적, 객관적인 지표가 부재하므로 그룹에서 토론을 거쳐 구성원들의 의견을 종합하여 결정하여야 한다.

중요도를 결정하는 방법으로는 여러 가지가 있을 수 있다. 첫째, 전체 항목을 서로 비교하여 더 중요한 것과 덜 중요한 것에 각각 1점, 0점을 부여한 후 최종 점수를 합산하여 결정하게 한다. 두 번째 방법으로는 각 항목을 하나씩 거론하여 구성원 전원이 점수를 제시하여 제시된 점수의 합계로 결정하도록 한다. 이 때 전체 구성원의 점수를 모두 합할 수도 있고 최고점, 최저점을 제외한 나머지 점수들을 합산할 수도 있다. 마지막 방법으로는 각자가 중요도 순서를 매기고 이를 비교하여 중요도를 결정하도록 한다. 이 때, 각 개인이 1위로 평가한 항목에는 가산점을 부여할 수도 있으며 상위의 일정 개수만을 대상으로 점수 부여하는 방법도 가능하다. 이렇게 얻어진 문제점의 중요도에 따라 그 우선순위를 매기게 되고, 해결책을 간구할 수 있게 된다.

### 4) 기술적인 용어로 변화

중요도 결정에 의해 설정되어진 문제점들은 수요자의 언어로 된 서술형태의 내용들을 실제 제품의 설계, 개발을 진행할 수 있는 기술적인 언어로 변경하는 과정을 거쳐야 한다.

이러한 단계는 소비자 요구의 중요도 파악으로 얻어진 내용들이 공학적 요구사항으로 변환되어야 하며, 여기에 문제 이해 표가 사용되어진다.

### 6.2.2 문제점 정의하기 과정

#### 1) 문제 서술하기

문제점의 중요도 및 기술적인 용어로의 변환을 통하여 초시에 정의된 포괄적인 과제 목표가 새로 정의된 구체적인 문제점 제안으로 파악될 수 있다.

예를 들면 초기에 '기기의 휴대성 개선'이라는 포괄적인 문제점이 제시되었다면, 중요도 결정 및 기술적 용어로의 변환을 통하여 다음과 같은 문제점들로 서술되어질 수 있다.

① 기기의 무게를 가볍게 하고, 표면 거칠기를 감소시켜서 사용하기 쉽게 한다.

② 외장 재료의 강도를 높여서 파손을 방지한다.

③ 전력 소모를 줄여서 재충전의 불편함을 감소한다.

#### 2) 성공지표 결정하기

문제점의 서술이 정리되면, 측정을 통한 검증 가능한, 상세한 세부적인 달성 목표를 제시하여 각 요구조건을 만족시키는 여부 검증이 필요하다. 이러한 검증을 통하여 정량적인 지표가 필요하며, 기술적 수준에 밀접한 연관성의 존재를 위한 세부 목표의 정량적인 값이 필요하다. 이를 통하여 앞에서 제시된 기기의 무게, 거칠기, 강도 및 전력소모에 있어서 구체적인 수치가 산정될 수 있도록 해야 한다.

#### 3) 해결 일정 수립

문제의 원활한 해결을 위해서는 문제해결 진행 방법과 일정에 대한 상세한 계획을 세우는 일이 필요하다. 이렇게 정해진 일정에 따라 중요한 사항들은 정해진 시간에 정확하게 문제를 해결하는 것이 좋다. 팀이 가진 역량과 자원을 정확히 판단하여 문제해결 일정을 수립하도록 하여야 할 것이다.

## 6.3 문제점 도출

하나의 문제는 정도의 차이는 있지만 어려움(또는 위험)과 기회(또는 도전)의 두 가지 면을 가지고 있다. 위급한 상황을 다룰 때 기회라는 면을 간과하기 쉽다. 하지만 위기가 닥쳤을 때 우리는 계속적인 개선을 위한 정책을 소개할 기회를 가질 수 있고 진정한 혁신을 가져오는 근본적인 변화를 창의적으로 만들 수 있다. 따라서 문제해결을 위해서는 위기를 다루는 탐정의 마음가짐과 기회를 개척하는 탐험가의 마음가짐이 모두 필요하게 된다.

탐험가와 탐정에게 주어진 주 임무 또는 전략은 '진짜' 문제를 찾는 것이다. 문제를 주이 깊게 정의할 시간을 전혀 할애하지 않기 때문에 가정이나 그룹이나 전체 조직에서 얼마나 많은 노력이 허비되는가를 알면 놀랄 것이다. 문제정의의 가장 첫 단계는 문제가 존재한다는 것을 인정하고 받아들이는 것이다. 만약 당신이나 관련자들이 문제가 있다는 사실을 부정하면 현 상황을 개선하거나 해결방안을 찾는 일이 일어나지 않을 것이다. 문제인 것처럼 보이는 것이 진짜 문제가 아닐 수 있기 때문에, 문제정의를 함으로써 관련된 모든 사람이 상황을 이해하고 동일한 문제를 해결하는 데 일하도록 확실하게 만들어준다.

### 6.3.1 발산적 사고를 위한 탐험가

탐험가의 중요 목표는 문제의 배경을 발견하는 것이다. 이는 멀리 보는 눈을 가져야 하며 기회를 찾는 자세가 필요하다. 탐험가들은 경향주시 또는 미래를 예측하는 법을 가지도록 훈련되어지며, 이러한 탐험가의 해결방식이 문제정의 과정에 포함되어야 한다.

문제정의 과정에서, 특히 문제가 복잡할 때에, 수집된 산더미 같은 자료가 문제를 감당할 수 없는 것처럼 보이게 하기 때문에 사람들은 자신감을 잃어버릴 수 있다. 이것이 탐험가의 마음가짐을 사용하는 것이 중요한 이유이다. 즉 탐험가의 마음가짐은 좁고 수렴적이고 종종 부정적인 탐정과 균형을 맞추기 위한 배경에 대한 발산적 시각과 전망을 얻는 데 필요하다.

만약 당신이 어려운 문제에 휘말렸다면 부정적 태도를 방지하는 몇 가지 조치를 취해야 한다. 우선 당신은 당신 인생을 책임지고 상신의 삶을 개선하는 결정들을 할 수 있어야 한다. 자기 자신에게 다음과 같은 질문을 할 수 있다. "이 문제가 내 인생 목표들과 어떻게 연관되는가? 문제에 관련된 일을 하는 것이 내 의무인가? 해결방안을 찾는 데 도움을 줄 재능과 능력을 가지고 있는가?" 때때로 그 대답은 '아니오'이다. 그러나 당신은 당신이 생각하는 것보다 더 많은 일을 할 수 있다는 것을 자주 발견할 것이다. 하려고 노력하라. 긍정적인 태도는 당신의 마음을 더욱 창조적이게 하는 데 도움을 줄 것이다. 이런 탐험적 습관은 우리를 정신적으로 건강하게 유지시킴으로써 우리 정신에 엄청나게 유익하다. 그 이유는 학습자가 하는 뇌의 활용은 늙어가면서 발생되는 뇌기능의 퇴화를 방지할 수 있기 때문이다.

### 6.3.2 수렴적 사고를 위한 탐정

탐정의 주요 목적은 근본 원인을 찾는 것이다. 감추어진 정보를 찾기 위한 끈질긴 노력을 하는 자세가 필요하다. 탐정가들은 위기와 위험을 다루며, 근본 원인을 찾는 것이 그들의 일이다. 문제정의 기간 동안 활동들을 이끄는 가장 중요한 목표는 그 문제와 관련 있는 최대한 많은 양의 정보를 수집하는 것이다.

탐정으로서의 당신은 설사 그것이 중요하지 않다고 생각되거나 이미 그 문제를 알고 있다고 하더라도 이런 데이터를 수집해야 한다. 당신은 이 같은 초보단계에서는 판단을 할 수 없기 때문에 어떤 것이 중요하고 중요하지 않는지에 대해 너무 조급히 결정을 해서는 안 된다. 모든 종류의 방법들이 문제의 유형, 조직의 문제해결 문화, 당신의 숙련도 등에 따라 데이터 수집에 사용될 수 있다.

탐정들은 어떤 태도를 가져야 하나? 그들은 감추어진 정보를 찾아다니고 또 찾아내야 하고, 그들은 또한 끈질겨야 한다. 그리고 어디서 어떻게 원하는 정보와 실마리를 얻을 수 있는지 논리적으로 생각해야 한다. 탐정은 문제에 대해 밖으로 드러난 것 이외에도 보이지 않는 지식까지도 살펴보아야 한다. 이것은 두 개의 다른 그룹들, 즉 지식 전문가들과 지식 운영자들의 조심스러운 질의가 필요하다.

## 연습문제

| 학 과 | 학 번 | 이 름 |
|---|---|---|
| | | |

6.1-1 문제의 정의 과정을 설명하시오.

6.3-1 문제점 도출을 위한 발산적 사고와 수렴적 사고를 설명하시오.

## 제7장

# 개념설계 (Conceptual Design)

보편적으로 체계적 설계절차는 개념설계(conceptual design)와 제품설계(product design)라는 두 개의 주요한 단계로 구성된 복합과정에 의해 완성된다.

개념설계(conceptual design)란 제품의 작동원리, 모양 또는 골격 등을 정하기 위하여 손으로 그린 스케치로서 기초설계(basic design)와 그 의미가 같다고 할 수 있다. 통상 설계과정 중 개념설계 단계에서 서로 다른 여러 종류의 개념설계가 창안될 수 있다.

설계의 전 과정을 통하여 연역적 사고와 창의적 사고 두 가지의 모두의 조합이 요구되지만, 창의적 사고를 통하여 초기의 개념을 낳기 때문에 개념설계는 창의적 사고를 요구한다. 왜냐하면 이것이 없이는 분석할 개념이 없기 때문이다.

이번 장에서는 개념설계의 개념, 설계절차 및 창의적 문제해결방법에 대해 논의하고자 한다.

## 7.1 개념설계(Conceptual design)

### 7.1.1 개념설계

개념설계는 문제에 대한 가능성 있는 해(간단한 노트나 개략적인 스케치로서 시작되는 해)를 고안하는 것이라 특징지을 수 있다. 개념설계는 설계사양으로부터 시작된다. 제조하는 제품의 유형에 따라 개념설계활동을 분류할 수 있는데 Phal과 Beitz는 다음과 같이 세 종류의 개념설계를 제안하였다.

#### 1) 고유설계(Original design)

해(solution)가 분명하지 않고 그러한 제품의 신세대를 여는 최초의 것이 만들어지기 때문에 완전히 새로운 제품이나 개념이 창조된다. 예를 들면 최초의 NASA 우주왕복선, 최초의 전화 등이 있다.

#### 2) 변형설계(Variant design)

기존 제품의 작동원리나 기능은 변하지 않은 채로 유지되며 크기나 구성을 변화시킨다.

예를 들면 기성품인 변속장치를 상이한 동력을 갖는 것으로 대체시켜 보는 것이다. 이러한 종류의 개념설계는 사용 도중 부품을 대체할 때처럼 제품의 부분적인 변경만을 수반하기 때문에 가장 덜 까다롭다.

#### 3) 적응설계(Adaptive design)

원래의 작동원리는 변화시키지 않고 다른 문제의 해결을 위해 제품을 변화시키는 설계로서 보통 새로운 부품을 만들 것을 요구하기 된다. 동일한 차량 플랫폼을 이용하여 조립하였지만 크기가 다른 엔진이나 변속기 같은 선택사양을 가지고 시장을 공략하는 자동차의 경우가 이러한 설계의 예이다.

독일 공업협회에서 개념설계 활동에 대해 조사한 결과, 55%가 적응설계, 25%가 고유설계, 20%가 변형설계로 나타났다. 이러한 영역들의 경계가 분명한 것은 아니지만 개념설계를 위한 노력의 4분의 1만이 근본적으로 새로운 설계를 위해 쓰인다는 것이 명백하다. 물론 개념설계를 위한 나머지의 4분의 3 역시 상당한 창의성과 독창성을 필요로 한다.

개념 설계 단계(conceptual design phase)는 설계사양에 따라 여러 개의 서로 다른 개념을 만들어 내는 설계과정의 기초단계로서 기초설계단계와 동일하다. 이 개념설계들을 설계사양에 비추어 평가하여, 그 중 유망한 것을 가려내어 개선하고 분석, 최적화한다. 이러한 과정을 반복하여 설계과정 중 제품설계단계에 이르게 된다.

개념설계단계의 결과는 제품의 특성과 그것의 궁극적인 품질을 크게 좌우한다. 한번 잘못된 개념설계는 개념 설계 단계에서 아무리 독창력을 발휘한다 해도 좀처럼 성공적인 제품으로 전환될 수 없다.

### 7.1.2 개념설계 사례 : 쥐덫 동력 자동차

이 절에서는 설계사례를 통하여 공학도들로 이루어진 가상적인 팀이 쥐덫 동력 자동차를 설계하기 위한 개념을 만들어가는 과정을 따라가 보려고 한다. 가정용 쥐덫을 동력으로 이용하는 장난감 자동차는 공학이나 과학과목의 설계와 제작 프로젝트의 주제로 가끔 사용된다. 쉽게 머리에 떠올리고 제작할 수 있어서 이러한 자동차는 개념설계 프로세스를 경험하고 설계의 모든 구속조건을 만족하기 위하여 수행해야 하는 trade off의 필요성을 인지하게 하기 위한 유용한 도구이다.

### 1) 과제

가능한 빨리 10미터를 이동하되 쥐덫 스프링에 저장되는 위치에너지로만 구동되는 작은 자동차를 제작하라.

**제작 규정**

① 자동차의 질량은 500그램을 초과해서는 안된다.

② 자동차는 각 경기 시작 시 0.1 ㎥의 상자 내에 완전히 들어갈 수 있어야 한다.

③ 각 자동차는 길이 10 m, 폭 1 m의 경주 lane에서 경주한다. 경주 중 자동차의 일부라도 벗어나면 그 팀은 경기에서 실격된다.

④ 자동차는 경주 동안 lane의 표면과 접촉하고 있어야 한다.

⑤ 자동차는 일반 가정용 쥐덫만으로 구동되어야 한다. 다른 탄성체에 의해 우연히 저장된 에너지나 자동차의 질량중심 높이 변화로부터 얻어지는 에너지는 무시할 수 있을 정도로 작아야 한다.

⑥ 자동차의 제작과정에서 어떤 부품을 체결하기 위해서 테이프를 사용할 수 없다.

## 7.2 설계 절차

보편적으로 체계적 설계절차는 개념설계(conceptual design)와 제품설계(product design)라는 두 개의 주요한 단계로 구성된 복합과정에 의해 이 과정이 완성된다.

【그림 7-1】 설계과정 단계

[그림 7-1]은 체계적인 설계절차를 보여주는 것으로 각 단계는 별개의 작업들로 구분되어 있으며 창의적 사고, 분석적 사고, 결단력과 같은 주기적인 인식과정이 포함되어 있다. [그림 7-1]의 핵심적인 5단계의 설계절차를 설명하고자 한다.

### 1) 문제의 영역을 정립한다

시장조사를 통하여 고객의 요구(needs)를 파악하고 주요 경쟁사들의 제품들을 벤치마킹하거나 관련법규, 표준 등 제한조건들을 고려한다.

### 2) 문제를 정의한다

해결과정을 향상시킬 수 있는 적절한 모든 자료를 수집한다. 제품의 설계사양을 만든다. 이 설계사양은 소비동력이나 유지관리와 같은 기술적 요구조건과 경제성이나 예술성 등 비기술적 요구조건을 모두 포함한다.

### 3) 개념설계를 고안한다

가능성 있는 해는 기계작동의 주된 특성 및 원리만을 보여주는 free hand sketch로서 실용성이 주된 관심사이다. brain storming, 특허문헌의 검색, 표준 등의 접근방식에 의해 개념설계가 이루어질 수 있다.

### 4) 개념설계를 분석 및 평가한다

비용과 성능의 개략적(order-of-magnitude) 예측을 하기 위하여 수학적인 모델이 주로 사용되며 설계사양의 기준과 비교한다. 추후의 정밀조사, 분석 및 제품설계단계에서의 개발을 위하여 가장 유망한 개념설계를 하나 선정한다.

제품설계와 제조가 아무리 훌륭해도 다양한 여러 가지 형태의 개념설계를 평가를 통하여 최선의 명백한 개념설계가 나올 때까지 개선되어야 한다.

### 5) 제품설계를 개발한다

조립품 및 개별부품의 설계를 통하여 개념설계(미숙한 제품)가 점차적으로 공학적인 하드웨어로 변환된다. 이 과정은 분석 및 합성(synthesis)과정을 수반하며 주조립품, 부조립품 및 개별부품에 관한 설계사양을 개발하여야 한다. 각 부품에 대하여 재질, 형상, 열처리, 표면거칠기, 공차 및 생산공정 등에 관한 사양을 개발하여야 하고 CAD/CAM software가 사용된다.

이 단계에선 제품속성과 제조공정 속성 사이의 상호작용을 주의 깊게 고려하여 효율적인 생산계획을 세우는 제조 고려설계(design-for-manufacture)에 해당된다.

## 7.3 연역적 사고와 창의적 사고

설계자가 효과적으로 설계하기 위해서는 서로 다른 두 종류의 사고과정(논리적이면서 창의적임)이 필요하다. 설계과정은 우뇌에 의한 창의적 사고와 좌뇌에 의한 연역적 사고의 반복적인 전환 때문에 절제된 정신분열증으로 묘사될 수 있다. 만약 창의적 사고과정만 설계문제에 적용한다면 아이디어의 평가 없이 아이디어를 계속 만들어 내고 결국 좋은 설계를 개발하지 못하게 된다.

### 1) 연역적 사고

창의적 사고에 의해 도출된 여러 가지 개념들을 분석하고 평가하게 된다. 연역적 사고는 개념선택과 의사결정을 포함하기 때문에 논리, 분석, 비판 및 평가를 포함한다. 따라서 일반적으로 연역적 사고는 문제에 하나의 정답이 있는 과학 및 수학과 관계가 있으며 논리적, 분석적이며 과학적 원리를 구현하며, 논리적 단계에 도달하기 어려우면 생각을 멈추는 등의 특징이 있다.

### 2) 창의적 사고

창의적 사고는 우뇌에서 일어나며 무작위(randomness), 종합(synthesis), 무비판적 조사(nonjudgmental scrutiny), 불규칙성(irregularity), 관능성(sensuality), 상상력(imagination), 시각화(visualization) 등과 관계가 있다. 이것은 연역적 사고와 정반대이다.

이런 특징은 종종 과학보다는 예술을 연구하는 사람과 관계가 있는데 예술가는 하나의 정답만 존재하지 않는 개방형 문제에 숙달되어져 있기 때문이다. 공학설계의 관점에서 봤을 때 창의적 사고는 경험, 인공물, 정보 등을 새로운 양식으로 능숙하게 다루는 것이다. 이러한 양식은 기능성과 경제성과 같은 수많은 실용적 구속조건들을 필요로 한다.

창의적 사고는 예술이든 과학이든 준비(preparation), 보육(incubation), 조망(verification), 확인(verification)의 4단계를 갖는다. 사고는 문제를 세심히 평가하고 업무의 분명한 사양을 개발하는 것으로부터 시작한다. 준비과정은 자료를 수집하고 세밀하게 조사한다. 설계문제는 한 번의 시행으로 좋은 답을 얻을 수 없으므로 그 문제에 집중된 일련의 과정을 거치면서 잠재의식 속에 잠기게 되는 과정이 보육과정이다. 조망단계는 종종 설계자가 그 문제와 무관한 활동을 하는 동안 무심결에 일어난다. 그 다음 기능성이 증명되고 미완성의 개념을 개선시키는 확인단계가 따른다.

### 3) 창의적 노력을 저해시키는 장애

누구나 공학설계 문제에 대해 창의적으로 해결할 수 있는 능력을 똑같이 소유하고 있지 않으며 설계자에겐 다음과 같이 창의적 노력을 저해시키는 여섯 가지의 장애가 있다.

① **문화적 장애**

질문하고자 하는 마음을 억압하거나 변화를 싫어하는 전통 등

② **환경적 장애**

부적절한 물리적 환경이나 아이디어에 비판적인 동료

③ **감정적 장애**

계산된 위험을 감수하기 싫어하거나 아이디어를 키워나가기를 싫어함

아이디어를 조기에 비판하거나 아무 생각이 없음(unmotivated)

④ **지식적 장애**

부적절한 해결책이나 제한된 교육배경

취약한 정보교환기술이나 부정확한 정보

⑤ **지각적 장애**

진부한 생각 혹은 문제를 잘못 정의함.

모든 감각기관을 사용하지 못함 혹은 여러 전망으로부터 문제연구의 실패

⑥ **기술적 장애**

사용할 수 있는 계산도구의 부재

기술이나 제조과정의 미성숙 혹은 낙후

## 7.4 창의적 문제해결(Theory of Inventive Problem Solving)

공학도는 상호간의 관계있어서의 계산, 실험결과, 서류작업을 분명히 하고 설득력 있게 잘 정돈된 형태로 제시할 수 있는 체계적인 사람이 되어야 한다. 따라서 다른 공학도가 기대하는 수준을 맞출 수 있도록 체계적인 문제해결 기법을 개발해야 한다.

여기에는 두 가지 이유가 있다. 첫째 체계적으로 접근하면 일반적 오류가가 포함될 수 있는 가능성이 줄어든다. 대수, 크기, 환산인자 등에 대한 실수와 잘못된 문제해석은 미연

에 방지할 수 있으며 둘째 좋은 과정과 형식으로 공학문제를 풀면 다른 사람이 해석하고 이해하는데 도움이 될 것이다. 적절한 문제해석 방법은 올바로 답을 얻고 다른 사람에게 설득력 있게 결과를 전달할 수 있다.

창의적 문제해결은 무엇을 해결해야 하는가를 가르쳐 주는 동시에 어떻게 해결해야 하는지를 가르쳐 주는 기법으로서 창조성이 뛰어난 특허로부터 문제해결의 규칙성과 원리를 발견하여 절차화한 이론이다. 이것은 주어진 문제의 가장 이상적인 결과를 얻어내는데 관건이 되는 모순을 찾아내고 이를 극복함으로써 혁신적 해결안을 얻을 수 있는 방법론이다.

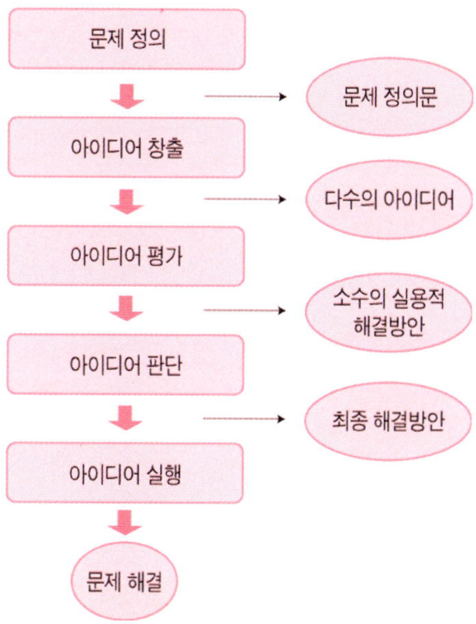


**【그림 7-2】 창의적 문제해결**

[그림 7-2]는 창의적 문제해결과정을 보여주는 것으로 문제정의, 아이디어 창출, 아이디어 평가, 아이디어 판단, 아이디어 실행을 통한 문제해결 순으로 진행하는 것이 좋다.

### 7.4.1 문제를 정의하는 법

'문제 정의문 작성 요령'에 맞게 최초의 문제 정의문을 작성한다.

### 1) 문제 정의문 작성 요령

- 문법에 맞는 문장을 작성하라.
  - 문장이 문법에 맞지 않으면 문장의 의미가 정확히 전달되지 않는다.
- 문장을 간결하게 작성하라.

  너무 긴 문장은 도리어 문제의 핵심을 정확히 전달하는데 방해가 된다.

  문제 정의문은 간결하고 명확하게 작성하고, 부차적인 제한조건이나 설명들은 따로 문장으로 작성하는 것이 바람직하다.
- 부정문보다는 긍정문으로 작성하라.
- 수동형보다는 능동형 문장이 더 좋다.

### 2) 프로젝트 수행을 위한 문제 정의과정

- 팀을 정하라.
- 문제의 주제를 선택하라.
- 문제의 주제에 초점을 맞추어라.

  좋은 주제, 문제 넓힘 발산적 연쇄 질문

  해결방안 위해 문제를 작은 단위로 나눔 수렴적 연쇄 질문
- 정보와 소비자 데이터를 수집하라.
- 정보를 분석하라. 파레토 도를 만들어라. 브리핑을 준비하라.
- 문제 정의문 개발 : 긍정적인 문장으로 쓰도록 한다.

## 7.4.2 아이디어 창출 과정

문제정의 과정 이후에 문제해결을 위한 독창적이고 혁신적인 아이디어를 창출하는 과정이다. 이 과정은 개념에서 형태로(Concept to Form), 평가에서 디자인으로(Evaluation to Design), 아이디어 조각에서 전체 아이디어로(Piece to Synthesis), 비판에서 창조로(Criticism to Creation)에 이르게 하는 과정이다. 아이디어는 10% 영감과 90% 노력으로 얻어지는 것으로 상상력(Imagination)을 필요로 하며 지식보다 중요한 것이다.

## 7.5 모순과 문제해결

### 7.5.1 모순(Contradiction)

혁신적인 발명이나 개선은 모순을 극복한다는 공통점이 있다. 초기 20만 건의 분석에서 알츠슐러는 모순(Contradiction)의 개념을 도출했다. 예를 들어, 하드디스크의 기록용량을 늘리면 기록의 정확도가 떨어지고, 기록의 정확도를 증가시키면 기록용량이 감소하는 것이 일반적이다.

이때 대부분의 사람들은 최적화(Optimization)나 혹은 적당한 타협(Compromise)을 시도하는데, 이러한 상황에서 수직자기기록과 같은 획기적인 발명(개선)이 나타나, 기록용량을 증가시키면서도 정확도를 희생하지 않거나 오히려 정확도가 함께 개선되게 된다. 이와 같이 혁신적 (Breakthrough) 발명, 개선이란 기록용량과 정확도 간의 모순을 극복하는 특징을 가지고 있다는 것이다.

또한 모순에는 기술적 모순(Technical Contradiction)과 물리적 모순(Physical Contradiction)의 두 종류가 있다.

### 7.5.2 기술적 모순과 물리적 모순

#### 1) 기술적 모순(Technical Contraction)

기술적 모순이란 '용량을 증가하면서 동시에 정확도를 증가하라'와 같이 서로 다른 두 개의 기술 특성이 충돌하는 것으로 '어떤 기술시스템의 변수 A를 개선하고자 하면 다른 변수인 B가 악화한다'와 같은 상태를 말한다.

㉮ 엔진의 힘이 클수록 비행기의 속도 증가 엔진의 크기가 클수록 무게의 증가로 비행기의 속도 저하되므로 이것은 기술적으로 상충되는 문제해결을 필요로 하는 기술적 모순이다.

#### 2) 40가지 발명 원리(40 Inventive Principles)

기술적 모순을 극복한 특허들을 분석하여, 다음과 같은 공통적인 해결방법을 추출하였는데 이를 '40가지 발명원리'라고 한다.

01. 분할하라. (Segmentation)
02. 필요한 것만 뽑아내다. (Extraction)
03. 똑같을 필요는 없다. (Local Quality)
04. 비대칭으로 하라. (Asymmetry)
05. 여러 작업 동시에 (Consolidation)
06. 여러 번 사용 (Multi-function)
07. 포개어 보라. (Nesting)
08. 지구 중력 회피하기 (Counter Weight)
09. 반대로 행동해라. (Preliminary Counter Action)
10. 선 조치하다. (Preliminary Action)
11. 미리 예방하라. (Preliminary Compensation)
12. 들어서 옮길 필요 없다. (Equipotential)
13. 거꾸로 생각하기 (Do It Reverse)
14. 곡률 증가 (Curvature Increase)
15. 자유도 증가 (Dynamicity)
16. 부족한 과하게 (Partial or Excessive)
17. 차원변화 (Dimension Change)
18. 진동 (Vibration)
19. 주기적 조치 (Periodic Action)
20. 계속 유용하게 (Continuity of Useful Action)
21. 서두르기 (Hurrying)
22. 유익으로 전환하기 (Convert Harmful to Useful)
23. 피드백 (Feedback)
24. 중간 매개체 이용 (Intermediate)
25. 자동 서비스 (Self-service)

26. 복사하기 (Copy)
27. 한번 쓰고 버리기 (Cheap Short Life)
28. 구조를 교환하기 (Replacing Mechanical System)
29. 유공압 (Pneumatics and Hydraulics)
30. 유연한 쉘과 박막 (Flexible Shell and Thin Film)
31. 기공성 물질 (Porous Material)
32. 광특성변화 (Optical Property Change)
33. 기왕이면 같은 것으로 (Homogeneity)
34. 버리고 재생 (Discarding and Recovering)
35. 인자 조정 (Parameter Change)
36. 상변화 (Phase Transition)
37. 열팽창 (Thermal Expansion)
38. 강력한 산화제로 반응 활성화 (Strong Oxidants)
39. 불활성 가스를 사용 (Inert Atmosphere)
40. 복합재료 (Composite Material)

### 3) 40가지 발명원리의 본문요약

**① 분할**

a. 객체를 독립된 여러 부분으로 나눈다.

b. 객체를 조립과 분해를 쉽게 할 수 있도록 만든다.

c. 객체의 분할 정도를 높인다.

**② 적출(회수, 제거)**

a. '방해가 되는' 부분이나 특성을 객체로부터 빼낸다.

b. 필요한 부분이나 특성만을 객체로부터 빼낸다.

**③ 국부적 품질**

a. 객체나 외부 환경(작용)의 구조를 동질적인 것에서 이질적인 것으로 변환한다.

b. 객체의 여러 부분들이 서로 다른 기능을 수행하게 한다.

c. 어떤 객체의 각 부분은 그 작에 있어서 가장 유리한 조건에 놓여 있어야 한다.

④ **비대칭**

a. 대칭형을 비대칭형으로 대체한다.

b. 객체가 이미 비대칭이라면 비대칭의 정도를 더 높인다.

### 4) 물리적 모순(Physical Contraction)

동일 변수 즉 어떤 변수C가 높아야 하지만 동시에 낮기도 해야 하는 경우, 즉 배타적 상태(자기대립)로 되지 않으면 안 될 경우, 이를 물리적 모순(Physical Contradiction)이라 한다. 예를 들면, 모터바이크(오토바이)의 경우 동력전달로 체인을 사용하는데, 엔진과 바퀴사이를 회전하므로 유연해야(flexible)하지만 강력한 엔진의 힘을 전달하기 위해 동시에 단단해야(rigid) 한다. '유연하면서도 단단해야 한다'는 것은 물리적으로 불가능한 것으로(Physically Impossible) 물리적 모순이다. 이것은 기술적 모순에 비해 문제의 추상도가 높고 본질적으로 문제를 파악하는 것이다.

㊐ 비행기의 이착륙을 위해 바퀴가 필요하지만 바퀴가 있으면 고속 비행이 불가능하므로 이런 것이 바퀴가 있어야 하는 동시에 없어야 하는 물리적 모순이다.

물리적 모순을 극복한 특허들을 분석한 알츠슐러는 '분리의 원리(Separation Principle)'라고 하는 공통된 해결책을 추출하였는데, 모터바이크 체인의 경우 '전체와 부분에 의한 분리' 원리를 적용한 것인데 전체적으로 보면 유연하지만 부분적으로 살펴보면 단단한 것이 체인의 특징으로 이는 결과적으로 물리적 모순을 극복한 발명(Invention)인 것이다.

이러한 주요 방법론을 특허로부터 추출한 것 이외에도 '비용-크기-시간 연산자(STC Operator)', '작은 사람 모델(SLP)', '다차원 기법(Multi Screen Method)' 등의 방법론도 제시하였다.

1985년에 알츠슐러는 '아리즈-85C(ARIZ-85C)'를 발표하였다. 아리즈란 '발명문제해결을 위한 알고리듬(Algorithm of Inventive Problem Solving)'으로 알츠슐러가 발표한 최종적인 트리즈의 방법론이다. 아리즈는 트리즈에서 제공하는 모든 방법론들을 9가지의 프로세스에 포함시켜 일반적인 문제해결 프로세스를 제안하였다.

## 7.6 발명 기법

### 1) 더하기

- ► A+A 기법 : 튜브+튜브, 날개+날개, 칼날+칼날
- ► A+B 기법 : 빵 = 밀가루+물+열량
- ► B+B 기법 : 라디오+모자, 벨트+지갑

### 2) 빼기

- ► 과일 주스−설탕, 유선전화기−전화선, 튜브 타이어−튜브

### 3) 모양 바꾸기

► 꼬부라진 물파스 주둥이, 올록볼록 화장지, 숟가락 달린 스트로우(빨대), 곡선빨대, 꼬부라진 풀병, 전화기, TV, 선풍기, 화장품 용기 등

### 4) 반대로 하기

- ► 땅 팽이-하늘팽이, 거꾸로 세운 화장품 용기, 반대로 겹쳐 붙인 합판

### 5) 용도 바꾸기 기법

► 공기 방석 → 자동차 햇빛 가리개, 전등 → 살균 램프, 주사기 → 스포이트 대용, 가위 → 마늘 다짐 가위, 주전자+물뿌리개

### 6) 남의 아이디어 빌리기

- ► 파리 잡는 끈끈이 → 바퀴벌레 잡는 끈끈이 → 쥐 잡는 끈끈이

▸ 스티커 우표 → 스티커 봉투

▸ 난로는 연통 때문에 잘 탄다. : 혼다의 신형 오토바이(배기통)

### 7) 사용을 편리하게 하기

▸ 보통 줄넘기줄 → 길이조절 줄넘기, 편지봉투 → 쉽게 뜯는 편지봉투(풀을 실로 대신함), 편리한 앞치마 끈, 각종 전자 제품의 리모컨

### 8) 재료 바꾸기

▸ 합성수지마네킹 → 풍선식 마네킹
유리제품 → 플라스틱제품 → 스티로폼제품 → 종이제품

▸ 오징어를 부르는 전등 → 광섬유를 배 밑에 붙임

▸ 유리컵 → 쇠컵 → 종이컵 → 플라스틱컵

### 9) 큰 것을 작게 하기

▸ 차 트렁크 → 접는 자전거, 양산을 핸드백 안으로 → 접는 양산, 휴대용소형녹음기

### 10) 작은 것을 크게 하기

▸ 큰 빨래 → 대형세탁기, 더 많은 식품 → 대형냉장고, 바람개비를 크게 → 풍차

### 11) 두꺼운 것을 얇게 하기

▸ 얇은 책, 손목시계, 전자계산기

### 12) 긴 것을 짧게 하기

▸ 사용할 때는 길게, 안 할 때는 짧게 : 자동차 안테나, 줄자, 자바라식 바리케이드, 낚싯대

### 13) 무거운 것을 가볍게 하기

► 바퀴 : 바퀴 달린 의자 · 바퀴 달린 피아노 · 뒷면에 바퀴 달린 냉장고

► 힘이 적게 : 나무 배트→알루미늄 배트

► 부피를 작은 한 것 : 테이블→공기 테이블, 보트→고무보트

### 14) 안 보이는 것을 보이게 하기

► 투명 셀로판 봉투, 음료수병, 속 보이는 냄비 뚜껑, 누드마우스

### 15) 돌려 보기

► 회전의자, 회전구이 기구, 회전식 전기면도기, 회전식 반찬 쟁반

### 16) 위험한 것을 안전하게 하기

► 음주 운전 방지 장치, 접는 칼, 카터 칼, 화재 경보 랜턴, 스노타이어, 미끄럼 방지 고무장갑, 압정 박는 기계

### 17) 과학적 원리 적용하기

► 청진기, 자석 드라이버, 만유인력, 등산용 지팡이, 접는 우산

### 18) 고정된 것을 움직이게 하기

► 조립식 책꽂이, 높낮이 조절 세면대, 상하 좌우조절식 핸들, 회전선풍기

### 19) 발명 위의 발명

► 카터 칼, 연결식 화분, 롤러스케이트, 옷핀, 창문 안에서 바깥 유리창 닦기

### 20) 폐품 이용하기

► 볏짚과 왕겨 : 완충용 포장재, 폐 PET병 이용 : 양식장부유기

### 21) 여러 가지 기능 합하기

► A+A 기법 : 굴삭기, 콤바인

► B+B 기법 : 지점토, 고무 찰흙

► A+B 기법 : 음식 만들기, 칵테일,

### 22) 병행 법칙

► 주유기, 냉온풍기, 향 선풍기, 향 부채, 건습구 온도계, 무게 가격 표시 저울

### 23) 자연물 이용하기

► 사마귀 앞발 = 굴삭기, 장미=가시철망, 오리 발, 개구리 발 → 물갈퀴
물의 힘 = 수력 발전소, 조력 발전소, 태양 빛 = 태양전지, 돋보기

### 24) 새로운 재료 만들기

► 카멜레온 간판,  전시용 고기/과일, 바르는 장갑, 반도체, 광섬유, 조화 등

### 25) 불가능한 것을 가능하게 하기

► 수상 텐트 = 고무보트+천막, 헬리콥터 = 비행기 동체+프로펠러
실내 골프 연습기 = 골프장을 축소하여 실내, 진공관 = 트랜지스터(TR)
오토바이 = 자전거+원동기

### 26) 구멍 뚫기

► 펜촉, 구멍 뚫린 벽돌, 콩나물시루(떡 시루), 물뿌리개, 화분 구멍, 바늘의 바늘 귀,

모기장

### 27) 에너지 절약하기

► 물 절약 샤워기, 컴퓨터의 화면 보호기, 센서 소변기, 뒷면메모지 명함, 가전제품의 바이메탈, 연료 절약형 무단 변속기

### 28) 식품 특허 내기

► 간단하고 빠른 식사-샌드위치, 햄버거, 라면 등, 빵 속에 팥을 넣어서 만든 단팥빵, 일회용 단팥죽, 봉지라면 → 컵라면, 사발면 · 유리병 → 캔 → 팩

### 29) 건강을 위한 발명

► 체력단련 자전거, 에어컨바람이 나오는 자동차 시트, 자석 베개, 자동 안마기

## 연습문제

| 학 과 | 학 번 | 이 름 |
|---|---|---|
| | | |

7.1-1 개념 설계의 종류를 요약하여 설명하시오.

7.2-1 제품 설계 과정과 단계를 설명하시오.

7.3-1 '창의적 사고'란 무엇이며, 창의적 사고의 노력을 저해 시키는 장애의 종류를 나열하시오.

7.4-1 창의적 문제 해결 방법의 종류를 설명하시오.

7.5-1 기술적 모순과 물리적 모순을 나열하고, 예를 들어 설명하시오.

7.6-1 발명 기법의 종류를 설명하시오.

# 제8장

# 공학설계

이론 2시간 실습 2시간

## 8.1 설계

### 8.1.1 정의

설계의 사전적 의미는 '계획을 세우는 것'으로 어떤 일에 수행함에 앞서서 그 목적에 따라 실제적인 계획을 세워 도면 등으로 명시하는 행위를 의미한다. 일반적인 설계의 개념으로는 건축, 토목, 기계 등의 분야에서 제작을 위하여 도면을 제작하는 행위로 오인하기 쉽다. 하지만 설계의 광의적 의미는 목적에 근거하여 이루어지는 계획으로 해석할 수 있다. 실제 설계에 대한 오해는 우리말에서만 있는 것이 아니라 영어권에서도 마찬가지이다. Webster 사전에서도 design의 의미를 넓게는 '계획에 근거한 개발에 의해 이루어지는 것'으로 정의하고 있으며 좁게는 '계획', '과제', '목적' 등으로 구체화하기도 하고 '작업을 이루기 위한 계획, 밑그림 또는 모형' 또는 '설계도나 모형을 만드는 기술' 등으로 표현하기도 한다. 심지어 '완성된 예술품'과 같은 성과물도 설계의 범주에 넣고 있다.

이러한 다양한 의미를 가지고 있는 설계에 관하여 접근하고자 할 때 적어도 공학에서의 설계에 대한 정의를 다시 한 번 확인할 필요가 있다. Dym에 의하면 '설계란 그 형태와 기능이 목표와 부합하고 구체적인 조건들을 충족시키는 제품에 대한 체계적이고 지적인 창조 행위이자 평가 행위'라고 정의하였다. 이러한 관점에서 공학에서의 설계에는 어떤 기기, 제품, 장비, 프로그램, 시스템, 구조, 공정 및 건설 등 구체적 문제에 대하여 팀 또는 개인이 해결안이라고 생각하는 모든 아이디어를 구현하는 것이라고 정의하였으며 이렇게 해서 개선된 기기, 제품, 장비 등은 공학 설계 과정으로부터 생겨난 결과물이자 부산물이라 할 수 있다. 이러한 관점은 design이 설계도면을 연상하는 일반인들의 생각이나 감성적 논리체계를 표현하고 미적 가치를 중요시하는 art designer의 설계에 대한 개념과는 상당히 차이가 있다고 할 수 있다.

### 8.1.2 공학설계

공학 설계에서는 산출물을 중요시한다. 즉, 의도한 목적에 부합하면서 주어진 제약 조건을 충족하는 형태와 기능을 가진 가공물의 명세에 대한 체계적이고도 지적인 산출물이 있어야만 공학 설계라 할 수 있다. 이 과정에서 산출물은 개선과 발전을 통하여 설계의 가치를 인정받으며 산출물을 만들어내는 데는 주어진 한계를 벗어나지 않아야 한다는 한계 요소가 있어야 한다. 한계 요소 범위 안에서의 개선 행위로 목적한 바를 이루어내는 행위를 전제로 공학설계가 이루어져야 한다는 대전제를 가지고 있다. 한계 요소내의 개선을 이루고자 한다면 산출물에 대한 특성을 체계적으로 이해하고 합리적이고 사려 깊은 계획 하에 시험하는 것이 중요하다. 목표하는 대상물의 구조, 기능, 한계 요소와 같은 주위 환경과의 연관성에 대한 세밀한 이해 없이는 개선과 발전을 이루어내기는 어렵다고 할 수 있다.

공학 설계의 가장 중요한 가치는 목표가 가치 또는 기능을 발전시키는 데 있다. 현재 느끼는 불만족스런 대상에 대한 문제 제기(open problem)로부터 목표를 찾을 수 있고 현재의 방법이 아닌 새로운 방법을 창조(creativity)하는 과정을 거쳐야 한다. 그 결과로 나온 여러 가지 해결방법들이 한계 요소를 잘 만족하고 있는지 확인함으로서 설계가 산출물(product)로 현실화될 수 있는가를 확인하는 과정을 거치게 된다. 마지막으로 산출물이 목표가 요구했던 개선 사항들을 만족하는가, 얼마나 개선되었는가 비교 평가함으로 설계의 가치가 결정되어진다.

### 8.1.3 공학설계의 과정

공학설계는 반드시 수요자의 필요에서부터 시작한다. 그러므로 수요자가 느끼는 문제에 대한 정확한 이해가 필요하다. 수요자가 원하는 사항은 한 가지일 수도 있고 여러 가지일수도 있다. 또 단편적인 개선을 요구할 수도 있고 복합적인 개선을 요구할 수도 있다. 한 가지가 개선되면 예기치 않은 다른 더 큰 문제를 가져올 수 있다. 이런 이유로 수요자가 원하는 사항에 대하여 세심한 주의를 기울여야만 설계 목적이 도출될 수 있다. 설계 목적을 구체적인 언명으로 나타낸 것이 문제 정의(problem definition)이다. 문제 정의가 명확하게 이루어질수록 가능성 있는 해결방법의 창안이 쉬워진다. 해결방법의 창안은 크고 다양한 아이디어를 생성하게 하는 창의적인 방법(creative method)과 철저한 준비와 설계 아이디어의 실현 가능화를 검증하는 합리적 방법(rational method)으로 나눌 수 있다.

### 1) 문제 정의

문제 정의는 설계에 있어서 고객의 수요자의 목적이나 요구를 정확하게 파악하고 필요한 정보를 하여 또는 설계 목표를 명확하게 나타내는 언명 구조로 이루어진다. 목적이 명확하지 않은 설계는 수요자의 요구 사항들을 충실히 실행하기 어렵다.

수요자의 요구 사항을 정확하게 파악하기 위해서는 설계 목적에 관한 이해를 도울만한 질문을 스스로에게 할 필요가 있다. 수요자의 다양한 요구 사항이 서로 대치되는 경우도 있으며 요구 강도가 다를 수 있다. 이에 대한 설계자의 정확한 파악이 있어야만 수요자의 요구 우선순위를 정할 수 있다. 수요자의 요구 우선순위가 가장 잘 반영된 구체적이고 명확한 언명을 문제 정의로 결정한다. 아래 예시문은 일반적인 설계 목적에 관한 이해를 도울만한 질문을 묶어 보았다.

- 설계 산출물은 어떤 특성이나 속성을 가졌으면 하는가?
- 설계 산출물은 어떤 용도로 쓰이기를 원하는가?
- 설계 산출물과 비슷한 특징을 갖는 제품이 이미 시장에 나와 있는가?
- 설계 산출물은 어떤 기능을 향상시켜야 하는가?
- 어떻게 그것을 할 수 있는가?
- 왜 그것을 원하는가?

### 2) 속성 목록

설계 목적에 관한 이해를 도울만한 질문을 근거로 하여 설계 산출물의 속성 목록을 만드는 것이 편리하다. 속성 목록은 위 문제 정의에 필요한 질문에 답이 되는 내용으로 작성하되 '~할 수 있어야 한다' 또는 '~해야 한다'와 같은 요구 조건이 반영되도록 작성한다. 속성 목록은 다음 단계에서 조직화되어 전체 설계 프로세스를 이해하고 설계의 방향을 결정하는 데 있어 단위 자료로 활용될 수 있다. 아래 예시문에 '안전한 사다리의 설계'라는 과제에서의 나열식 속성목록과 들여쓰기식 속성목록을 예시하였다.

**[나열식 속성 목록의 예]**

사다리는 유용해야 한다. (실용성)

천정의 환기구나 전선 조작에 사용할 수 있어야 한다. (사용처)

높은 곳의 전기 콘센트를 관리 및 수리하는 데 사용할 수 있어야 한다. (사용처)

전구나 부착물을 교환하는 데 사용할 수 있어야 한다. (사용처)

바깥에서는 평지에서 사용할 수 있어야 한다. (사용환경)

특별한 경우, 매달아서 사용할 수 있어야 한다. (사용환경)

실내 바닥이나 평편한 곳에서 사용할 수 있어야 한다. (사용환경)

계단식 사다리나 낮은 확장 사다리로 사용할 수 있어야 한다. (기능성)

접이식 사다리로 사용할 수 있어야 한다. (기능성)

중간키 정도의 작업자가 11피트 높이에서 작업이 가능해야 한다. (구조특성)

보통 작업자의 체중을 지탱할 수 있어야 한다. (구조특성)

안전해야 한다. (안정성)

직업안전위생관리국 기준에 만족해야 한다. (안정성)

전도가 되어서는 안 된다. (안정성)

알루미늄이 아닌, 유리섬유나 나무로 만들어져야 한다.

단의 휘어짐은 0.05인치 미만이어야 한다. (재질특성)

어느 정도 강도가 있어야 하고 사용하기 편리해야 한다. (재질특성)

내구성이 있어야 한다. (재질특성)

비교적 저렴해야 한다. (경제성)

작업장 간 운반이 용이해야 한다. (편이성)

가벼워야 한다. (편이성)

세련된 디자인일 필요는 없다. (예술성)

**[들여쓰기식 속성목록]**

① 사다리는 안전해야 함

➜ 사다리는 안정적이어야 함

- 바닥이나 평편한 면에서 안정적이어야 함
- 비교적 평지에서 안정적이어야 함

→ 사다리는 비교적 강도가 있어야 함

② 사다리는 판매 가능해야 함

→ 사다리는 유용해야 함

- 사다리는 실내에서 유용해야 함
- 사다리는 실외에서 유용해야 함
- 사다리의 높이는 적당해야 함

→ 사다리는 비교적 저렴해야 함

→ 사다리는 운반 가능해야 함

- 사다리의 무게는 가벼워야 함
- 사다리는 운반이 용이하도록 작아야 함

→ 사다리는 내구성이 있어야 함

### 3) 조직화 기법

속성 목록을 정리하는 과정이 정교할수록 수요자의 요구 사항에 대한 반영도가 높아지고 설계 목적에 따른 기능이 구체화되며 한계 요소가 명확하게 파악할 수 있다. 속성 목록을 도식화하고 조직적으로 열거하는 방법으로 목적나무(objectives tree), 쌍대비교도표(pairwise comparison chart), 기능-수단 나무(function-means tree), 형태 도표(morphological chart) 등의 기법이 사용된다. 이러한 기법들은 설계영역에 대해 어느 정도 이해가 되면 시작하는 것이며 정보가 얻어질 때마다 사안별로 작성함으로써 새로운 정보의 영향을 이해하고 설계 문제를 명확히 이해하는데 도움을 준다.

#### 목적나무

나무 형태의 구조로 확장되는 계층적 목록을 나타내며 상위의 목적을 하위 목적에 의해 군집화, 계열화시켜서 나타내는 방법이다. [그림 8-1]은 고객 요구사항 중심으로 작성되는 그림이며 설계가 수행해야 하는 상위목적들이 하위목적에 의해 군집화되고 상세 정도에 의하여 정돈되어진다.

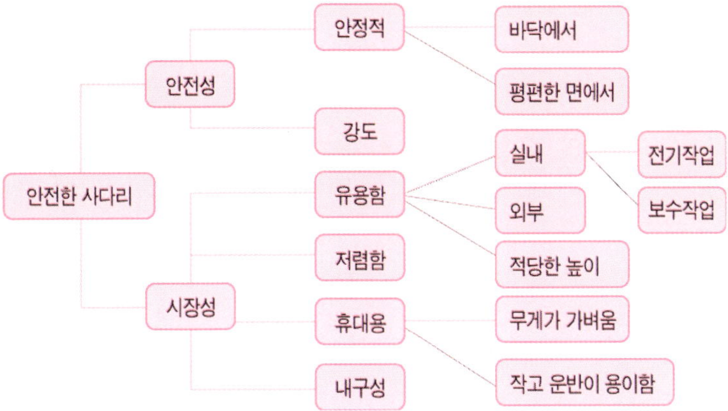


【그림 8-1】 안전한 사다리 제작에서의 목적 나무 작성의 예

### 쌍대비교도표

초기 설계 프로세스에서 개선되어야 할 여러 가지 목적을 쌍대 기준으로 비교하여 작성한다. 이 방법은 여러 가지의 목표 중 상호간의 가치나 중요성이 서로 상충되는 경우 우선순위를 반영하는데 도움이 된다.

| 목표 | 비용 | 이동성 | 유연성 | 내구성 | 점수 |
|---|---|---|---|---|---|
| 비용 | | 0 | 0 | 1 | 1 |
| 이동성 | 1 | | 1 | 1 | 3 |
| 유연성 | 1 | 0 | | 1 | 2 |
| 내구성 | 0 | 0 | 0 | | 0 |

【그림 8-2】 안전한 사다리 제작에서의 쌍대비교도표 작성의 예

#### 기능-수단 나무

설계가 무엇을 수행하여야 하는지 확인하는데 유용하며 전반적인 기능을 하위기능으로 분해하고 기능을 산출하기 위하여 필요한 수단을 기호 흐름을 통하여 성취한다. 즉, 목적나무와 같은 방법으로 목록을 작성하나 목록의 내용이 구현하고자 하는 목적이 아니라 설계에 반영되어야 하는 기능 또는 기능을 구현하는 수단으로 표시하는 방법이다. 그 수단 때문에 필요해진 부가 기능을 표시할 수 있으며 기능과 수단을 번갈아 보여 준다.

#### 형태 도표

설계문제를 해결할 수 있는 잠재적 대안의 생성, 수집, 인지, 저장, 연구를 위한 시각화 구조를 도표로 나타내는 방법이다. 특징은 목적에 따라 바뀔 수 있는 대안을 모두 제시할 수 있어 설계자가 전체 설계 프로세스를 도표만으로 확인할 수 있는 장점을 갖는다.

### 4) 창의적 방법에 의한 설계

문제 정의가 명확히 이루어지고 속성 목록의 작성 및 조직화가 끝나면 설계 방법을 결정하여야 한다. 설계 방법은 크고 다양한 아이디어를 생성하게 하는 창의적 방법(creative method)과 철저한 준비와 설계 아이디어의 실현 가능화를 검증하는 합리적 방법(rational method)으로 나눌 수 있다. 창의적 방법은 Brain storming과 같은 다수의 아이디어를 도출하고 소수의 전문가들에 의한 아이디어 평가를 통하여 실용적 해결 방안으로서의 가능성 있는 아이디어로 범위를 좁힌 후 최종 해결 방안을 결정하여 실행에 옮긴다. 비교적 기존 제품의 특징에서 파격적인 변화를 주고자 할 때 사용되는 방법이다. 반면 합리적 방법은 목적나무를 통한 명확한 설계 목적을 정립하고 설계 결과물의 기능을 계층적, 체계적 정립을 통하여 하위 기능을 수행하는 수단으로서의 개념 개발에 기초하여 문제의 인식, 정의, 사용자의 의견 조사, 전문가 면담, 사전 문헌조사, 개선 이론, 정보 분석, 모의실험 및 평가 지표를 설정한 후 시행착오를 최소화함으로써 설계 과제의 시간, 작업비용을 통제하는 방법이다.

〈표 8-1〉 창의적 사고 개발 훈련 방법의 예

| 기 법 | 내 용 | 개발자 |
|---|---|---|
| Brain Storming (두뇌 폭풍) | - 회의를 통하여 여러 사람의 지혜와 아이디어를 모아서 어떤 문제의 해결이나 의사결정을 도출하는 방법<br>- 비판 금지, 자유 개방 토론<br>- 아이디어의 양이 많으면 우수한 아이디어가 도출 가능<br>- 아이디어간의 결합과 개선을 통하여 혁신적 아이디어가 도출될 수 있다고 전제함 | Osbern |
| 형태학적 분석법 | - 문제의 구조를 분석하여 변인을 발견하고 발견된 변인을 강제로 조합하여 잠정적인 아이디어를 대량으로 산출해서 그 중 질적으로 우수한 아이디어를 채택<br>- 문제의 정의, 독립변인 분석, 독립변인의 세분으로 나누어 문제의 핵심을 파악하고 독립변인에서 개발된 아이디어의 적용 시 개선 효과를 비교 분석하는 기법 | Parnes |
| Gorden법 | - 막연한 문제의 제시, 참여자의 문제해결 상상, 참신한 아이디어에 관한 토론을 통한 아이디어 공유, 사회자의 구체적 문제 제시, 구체적 문제에 대한 아이디어 정교화 순서로 이루어지는 기법<br>- 참여자의 전문성 및 적극성이 필요한 기법<br>- 해당 분야의 전문가들의 조직적 창의력 향상에 효과가 높은 기법 | Gorden |
| Checklist법 | - 창의적 사고를 질문서를 통하여 유발하는 기법<br>- 사고의 출발, 문제해결의 착안점을 미리 놓고 다양한 사고를 전개하도록 질문서 작성<br>- 동일 목적에 대한 다른 해결방법이 있는가 확인<br>- 동일 수단에 대한 다른 사용방법이 있는가 확인<br>- 새로운 아이디어간 결합이 가능한가 확인 | Osborn |

아이디어 창출과 평가 및 분석이 합리적으로 이루어지는 훈련은 창의적 방법이 더욱 적당하며 이를 통하여 아이디어가 실제 가능한지, 얼마나 가치 있는지 분석 평가하는 능력이 배양될 수 있다. 많은 문제들을 인식하고 이를 해결하기 위하여 창의적인 방법을 추구하고 있으나 실제로 대다수의 사람들은 단순한 문제의 해결에도 창의적인 잠재력을 잘 활용하지 못한다. 창의적인 능력을 보유하고도 제대로 활용하지 못하고 있다는 점에서 교육과정에서의 잠재적 창의력 개발은 중요하다. 이는 창의적 사고가 기존의 정보와 지식을 뛰어넘는 것에서 시작한다는 잘못된 선입관에서 기인한 문제라 할 수 있다. 가치 있는 창의적 아이디어는 수요자의 새로운 요구에 대하여 기존의 정보와 새로운 정보가 교묘하게 혼합되어질 때 가능하다. 특히 기존 지식을 채택하고 거부하는데 얼마나 현명한 판단을 하는가가 창의적 방법을 찾아내는데 중요한 성공 요인이 된다고 할 수 있다.

창의적 방법에 의한 아이디어 창출은 정보와 지식의 수집, 아이디어를 얻기 위한 고민, 설계집단 구성원들의 다양한 의견 교환, 통찰력에 기인한 문제해결에 관한 아이디어의 발견, 발견된 아이디어의 정교화와 같은 단계를 통하여 얻어질 수 있다. 창의적 방법에 의한 아이디어 창출에 관한 훈련 기법으로는 〈표 8-1〉과 같은 기법들이 많이 적용되고 있다.

## 8.2 실험계획법

8.1절에서는 설계의 정의, 공학설계 및 그 과정을 다루었으며 창의적 방법을 통하여 잠재적 창조성을 개발하는 방법들을 다루었다. 창의적 방법은 기존의 지식체계에 대한 혁신적 방법임에는 분명하나 기존 지식의 기초 없이는 새로운 혁신적 방법을 찾기란 불가능하다. 또 혁신적 아이디어를 발견하고도 정교한 개선을 통한 최적화를 이루어내지 못하여 사장되는 사례가 많다. 이 절에서는 아이디어의 검증 및 최적화 기법으로 널리 사용되는 실험계획법을 통하여 창의적 아이디어를 제한 요소를 만족하면서 현실적 설계가 가능하도록 하는 것을 돕고자 한다.

| 실험계획순서 | 내 용 | 비 고 |
|---|---|---|
| ① 실험목적 설정 | 실험을 통하여 얻고자 하는 목적을 명확히 기술 | |
| ② 특성치 선택 | 실험목적과 직결된 실험의 반응치를 특성치로 선택. 측정이 어려운 특성치는 대용특성치를 선정 | 특성치의 내용 및 측정 방법 정의 |
| ③ 인자와 수준 결정 | 특성치에 영향을 주는 인자 및 인자수준 결정 | Brainstorming법 특성요인도 활용 |
| ④ 실험계획의 선택 | 실험목적, 인자 수와 인자 수준 수, 실험환경이나 실험재료의 특성 등을 고려하여 적합한 실험계획을 선택 | 요인배치법/부분 요인배치법/반응표면분석법/혼합물실험계획법/다구치 방법 |
| ⑤ 실험의 배치와 실험순서의 랜덤화 | 실험조건(인자들의 수준조합)의 랜덤한 순서 결정 | 난수활용 |
| ⑥ 실험 실시 | 실험 수행 절차에 대한 작업표준을 만들고, 이를 충분히 숙지한 후에 실험을 실시 | 실험에 관련된 보조 측정치(실험일자, 기온, 실험자, 실험재료 등)도 수집 |
| ⑦ 데이터 분석 | 통계적 방법을 사용하여 분석 | 분산분석(ANOVA)/다중비교/회귀분석 |
| ⑧ 분석 결과 해석 및 조치 | 결론이 가지고 있는 기술적인 의미를 파악. 실험결과를 통해서 최적조건이 얻어지면 이 조건에서 특성치에 대한 추정을 실시하고, 확인실험을 통하여 재현성을 확인. | |

### 8.2.1 실험계획법의 기본 개념

#### 1) 실험계획법(Design Of Experiments: DOE)의 정의

실험에 대한 계획 방법을 의미하는 것으로서 해결하고자 하는 문제에 대하여

① 실험을 어떻게 행하고

② 데이터를 어떻게 취하며,

③ 어떠한 통계적 방법으로 데이터를 분석하면

최소의 실험회수로부터 최대의 정보를 얻을 수 있는가를 계획하는 것을 의미한다.

### 2) 실험계획법 관련 용어 및 특성치의 종류

DOE 관련 용어

| 용 어 | 설 명 | 예 |
|---|---|---|
| 특성치(characteristic)<br>반응치(response) | 실험을 실시한 후 데이터의 형태로 얻어지는 값 | 화학공정의 수율 |
| 인자(factor) | 특성치에 영향을 미치는 요인으로서 실험에서 고려된 것 | 반응온도, 반응시간 |
| 수준(level) | 실험에서 인자가 취하는 값 | 반응온도(140℃, 150℃, 160℃, 170℃) ⬅ 4수준<br>반응시간(30분, 40분, 50분) ⬅ 3수준 |

특성치의 종류

| 특성치 | 해 설 | 예 |
|---|---|---|
| 망소특성 | 음의 값을 취하지 않고 작을수록 좋은 특성, 목표치는 0. | 불순도, 마모량, 일산화탄소 배출량, 회로의 전력소비량 |
| 망대특성 | 음의 값을 취하지 않고 클수록 좋은 특성 | 수율, 인장강도, 접합강도, CPU 처리속도, 각종 제품의 수명, 마찰력 |
| 망목특성 | 특정한 목표치가 주어진 특성 | 중량, 치수, 두께, 회로의 출력전압 |

### 주효과와 교호작용

주효과(main effect)는 인자의 수준 변화에 따른 효과를 말한다. 즉 인자의 수준 평균값의 차이를 말하며, 이 차이가 크면 주효과가 존재한다고 하고, 이 차이가 작으면 주효과가 없다고 한다.

교호작용(interaction effect)은 어느 한 인자의 효과가 다른 인자의 수준에 따라 변화하여 나타나는 효과를 말한다. 예를 들어, A의 효과가 B의 서로 다른 수준 $B_1$과 $B_2$에서 일관성 있게 나타난다면 두 인자 A, B 간에는 교호작용이 없다고 하고, 만일 B가 $B_1$수준에 있을 때 A의 효과가, $B_2$ 수준에 있을 때 A의 효과와 차이가 있을 때, A, B 간에 교호작용이 존재한다고 한다.

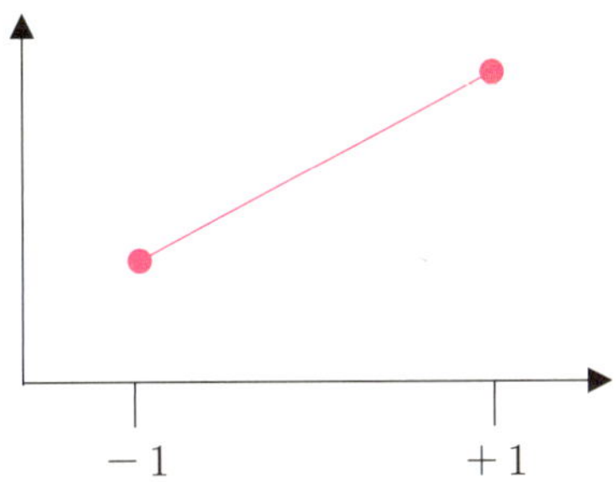


[주효과가 있는 경우]

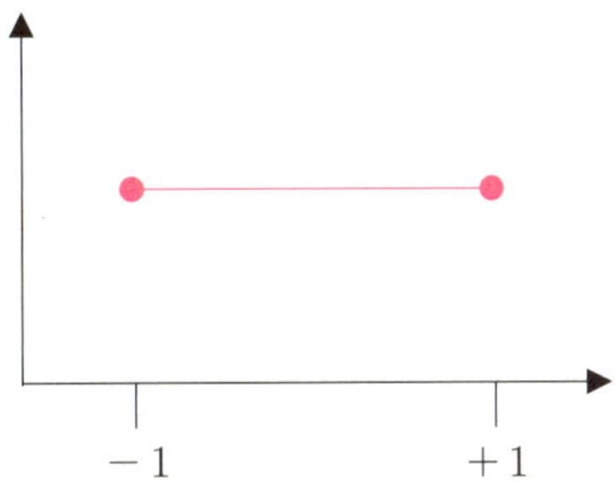


[주효과가 없는 경우]

**① 교호작용이 존재하지 않는 경우의 예**

| | $B_1$ | $B_2$ | |
|---|---|---|---|
| $A_1$ | 4 | 10 | 14 |
| $A_2$ | 8 | 14 | 22 |
| | 12 | 24 | |

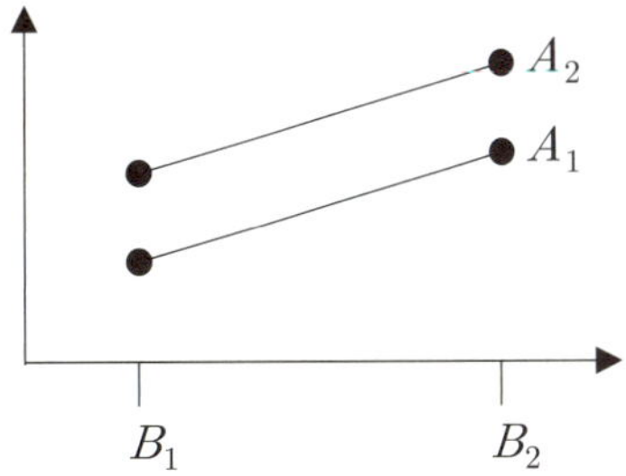

② **교호작용이 존재하는 경우의 예**

| | $B_1$ | $B_2$ | |
|---|---|---|---|
| $A_1$ | 4 | 16 | 20 |
| $A_2$ | 10 | 12 | 22 |
| | 14 | 28 | |

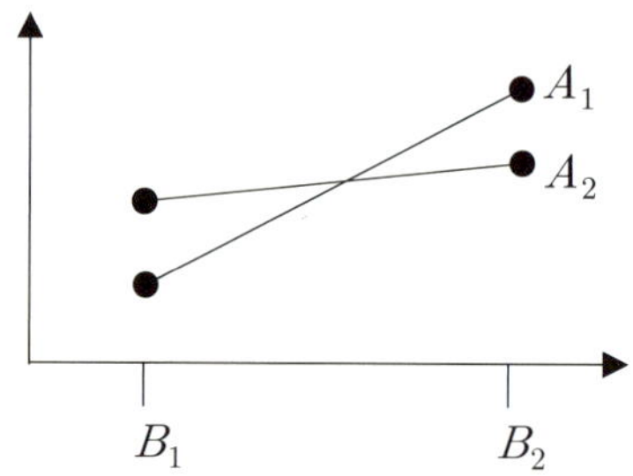


교호작용이 존재하지 않은 경우에는 각각의 인자를 따로 고려하여 최적수준을 정한다. 그러나 교호작용 효과가 존재하는 경우에는 2인자를 동시에 고려하여 판단하여야 한다. 즉, 이원표(two-way table)로부터 최적수준을 결정하여야 한다. 위의 예에서 첫 번째의 예가 교호작용이 존재하지 않은 경우인데, 이 경우 최적수준은 A와 B를 따로 고려하여 결정한다. 만일 특성치의 값이 크면 클수록 좋은 경우(망대특성)라고 한다면, 인자 A는 $A_1$수준일 때 데이터 합이 14, $A_2$수준일 때 22이므로 $A_2$가 최적이다. 인자 B는 $B_1$수준일 때 데이터 합이 12, $B_2$수준일 때 24이므로 $B_2$가 최적이다. 따라서 종합적인 최적수준은 $A_2B_2$이다. 그러나 교호작용이 존재하는 경우에 인자의 최적수준은 AB 이원표로부터 결정한다. 두 번째 예에서 $A_1B_1$일 때 데이터 합이 4, $A_1B_2$일 때 데이터 합이 16, $A_2B_1$일 때 데이터 합이 10, $A_2B_2$일 때 데이터 합이 12이다. 따라서 종합적인 최적수준은 $A_1B_2$이다. 그러나 교호작용 효과가 존재함에도 불구하고 A와 B를 따로 고려하여 최적수준을 결정하면 $A_2B_2$가 되는데, 이는 잘못된 결론이다.

## 분산분석(ANOVA)

분산분석(analysis of variance)이란 특성치의 변동을 제곱합(sum of squares : 변동량)으로 나타내고, 실험과 관련된 요인마다의 제곱합으로 분해하여 실험오차에 비해 특히 큰 영향을 주는 요인(주효과, 교호작용)이 무엇인가를 찾아내는 방법이다.

### 3) 1회 1인자 실험의 문제점

1회 1인자 실험은 다른 인자의 수준은 똑같이 유지하면서 한 인자의 수준만을 변화시켜 실험을 진행하는 방법을 말한다. 이 접근방법은 ① 교호작용의 검출이 불가능하며, ② 실험 영역 전체를 균형 있게 고려하지 못함으로써 국소최적해(local optimum)를 찾게 되는 문제점이 있다. 아래의 예에서 먼저 인자 A에 대해서만 수준을 변화시켜 가면서 실험을 한다고 하자. 그 결과 $A_1$에서의 특성치는 55, $A_2$에서는 62, $A_3$에서는 70, $A_4$에서는 60의 결과를 얻었다고 하자. 그러면 인자 A의 최적조건은 $A_3$이며, 인자 A는 이 수준으로 고정하고 다음으로 인자 B에 대해서 수준을 변화시켜 가면서 실험을 한다. 그 결과 $B_1$에서의 특성치는 70, $B_2$에서는 74, $B_3$에서는 60, $B_4$에서는 48의 결과를 얻었다고 하자. 따라서 이러한 접근 방법에 의한 종합적인 최적수준은 $A_3B_2$이며, 이때의 특성치의 값은 74이다. 따라서 실험 영역 전체를 균형 있게 고려하지 못함으로써 국소최적해(local optimum)를 찾게 된다.

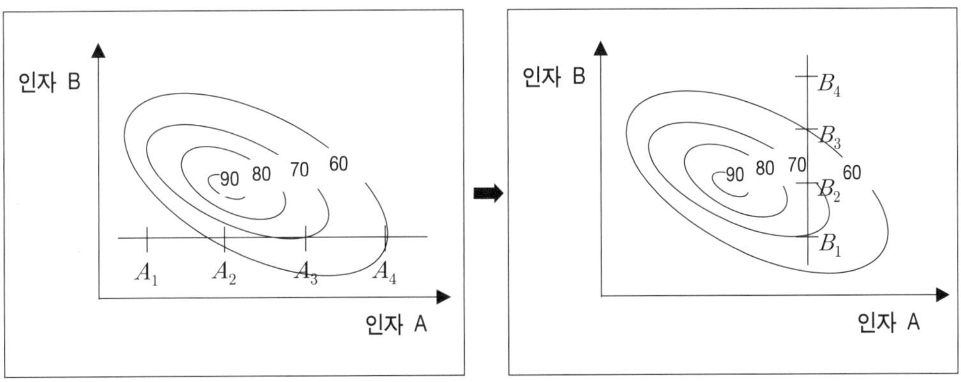


### 4) 실험계획법의 종류

① 요인배치법(full factorial design)

② 부분요인배치법(fractional factorial design)

③ 반응표면분석법(Response Surface Methodology; RSM)

④ 혼합물실험계획법(mixture design)

⑤ 다구치 방법(Taguchi Method) 혹은 강건설계(Robust Design)

## 8.2.2 요인배치법

요인배치법(full factorial design)은 인자의 모든 실험조건에 대하여 실험을 실시하는 실험계획법을 말한다. 요인배치법은 주효과와 모든 교호작용을 평가할 수 있는 장점이 있다. 그러나 인자의 수가 늘어남에 따라 실험회수가 급격히 증가하는 단점이 있다.

### 요인배치법 예제

어떤 화학제품이 압력관(pressure vessel)에 의해 생산되고 있다. 이 제품의 여과율(filtration rate)에 대한 여러 공정 인자의 영향을 평가하기 위해, pilot plant에서 요인배치법에 의한 실험을 계획하고 있다. 실험에 고려된 인자는 온도(A), 압력(B), 포름알데히드(formaldehyde)의 농도(C), 교반율(stirring rate) (D)의 4가지이며, 각각 2수준씩 고려하여 요인배치법으로 실험하여 다음과 같은 데이터를 얻었다. 요인배치법은 인자의 모든 실험조건에 대하여 실험을 실시하는 실험계획법이므로 16가지 실험조건에서 실험하게 된다. 이 실험의 목표는 여과율을 가장 크게 하는 공정조건을 찾는 것이다. 요인배치법에 의하여 실험을 행하면 주효과와 모든 교호작용을 파악할 수 있다. 즉, 주효과 A, B, C, D와 교호작용 AB, AC, AD, BC, BD, CD, ABC, ABD, ACD, BCD를 파악할 수 있다.

| 번호 | 온도(A) | 압력(B) | 농도(C) | 교반율(D) | 여과율(filtration) |
|---|---|---|---|---|---|
| 1 | −1 | −1 | −1 | −1 | 45 |
| 2 | 1 | −1 | −1 | −1 | 71 |
| 3 | −1 | 1 | −1 | −1 | 48 |
| 4 | 1 | 1 | −1 | −1 | 65 |
| 5 | −1 | −1 | 1 | −1 | 68 |
| 6 | 1 | −1 | 1 | −1 | 60 |
| 7 | −1 | 1 | 1 | −1 | 80 |
| 8 | 1 | 1 | 1 | −1 | 65 |
| 9 | −1 | −1 | −1 | 1 | 43 |
| 10 | 1 | −1 | −1 | 1 | 100 |
| 11 | −1 | 1 | −1 | 1 | 45 |
| 12 | 1 | 1 | −1 | 1 | 104 |
| 13 | −1 | −1 | 1 | 1 | 75 |
| 14 | 1 | −1 | 1 | 1 | 86 |
| 15 | −1 | 1 | 1 | 1 | 70 |
| 16 | 1 | 1 | 1 | 1 | 96 |

### 분 석

➜ 분산분석(ANOVA)에 의한 유의성 판정

| 요인 | DF | Seq SS | Adj SS | Adj MS | F | P |
|---|---|---|---|---|---|---|
| A | 1 | 1870.56 | 1870.56 | 1870.56 | 73.18 | 0.000 |
| B | 1 | 39.06 | 39.06 | 39.06 | 1.53 | 0.271 |
| C | 1 | 390.06 | 390.06 | 390.06 | 15.26 | 0.011 |
| D | 1 | 855.56 | 855.56 | 855.56 | 33.47 | 0.002 |
| A*B | 1 | 0.06 | 0.06 | 0.06 | 0.00 | 0.962 |
| A*C | 1 | 1314.06 | 1314.06 | 1314.06 | 51.41 | 0.001 |
| A*D | 1 | 1105.56 | 1105.56 | 1105.56 | 43.25 | 0.001 |
| B*C | 1 | 22.56 | 22.56 | 22.56 | 0.88 | 0.391 |
| B*D | 1 | 0.56 | 0.56 | 0.56 | 0.02 | 0.888 |
| C*D | 1 | 5.06 | 5.06 | 5.06 | 0.20 | 0.675 |
| 오차 | 5 | 127.81 | 127.81 | 25.56 | | |
| 총계 | 15 | 5730.94 | | | | |

※ 유의한 요인: 주효과 A, C, D, 교호작용 AC와 AD

➜ 주효과도, 교호작용도 작성

주효과도로부터 A, C, D는 수준 간에 차이가 있으나(유의함), B는 수준 간에 거의 차이가 없음(유의하지 않음)을 알 수 있다. 교호작용도로부터 교호작용은 AC와 AD만 유의함을 알 수 있다. 이는 분산분석(ANOVA)의 결과로부터 판명된 내용과 동일하다.

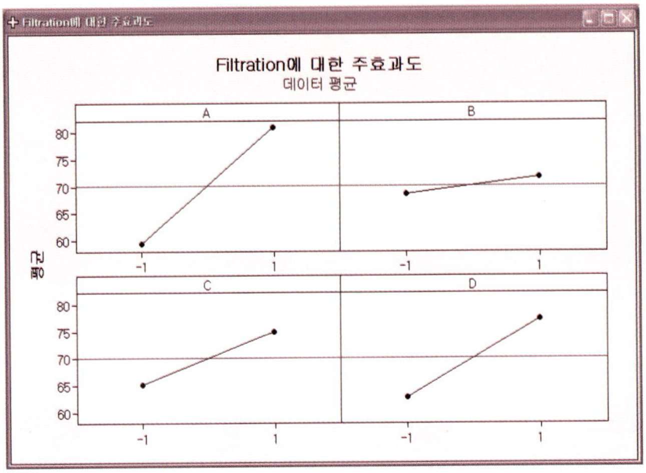


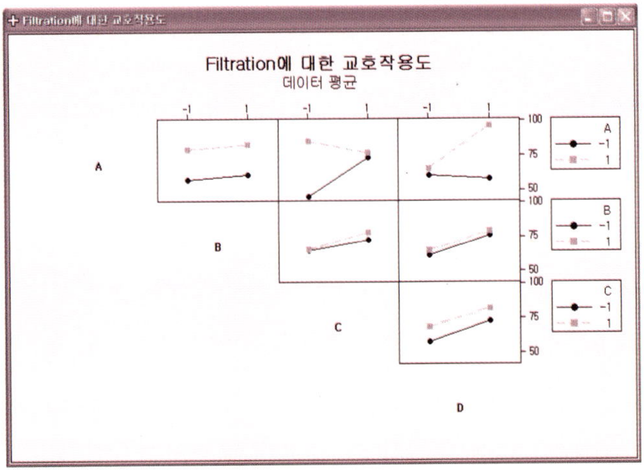


➜ 최적조건의 결정

- AC 교호작용도에서 최적수준: A(1), C(−1)
- AD 교호작용도에서 최적수준: A(1), D(1)
- 따라서 종합적인 최적수준은 A(1), C(−1), D(1), B(편리한 수준)로 정한다.

➜ 최적조건[A(1), C(−1), D(1)]에서의 반응치(여과율) 추정

• 점추정: 하나의 값으로 추정하는 것

최적조건에서의 반응치를 추정할 때 유의한 요인만 모형에 포함시켜야 한다. 만일 유의하지 않은 요인까지 모형에 포함시키면 실제보다 과대추정(over-estimation)된다. 이 예제의 경우에는 각 인자와 교호작용의 수준별 평균값 결과로부터 다음과 같이 계산된다.

$$\begin{aligned}\hat{y} &= \hat{\mu}+\hat{a}_1+\widehat{c_{-1}}+\hat{d}_1+(\widehat{ac})_{1,-1}+(\widehat{ad})_{1,1} \\ &= \hat{\mu}+\hat{a}_1+\widehat{c_{-1}}+(\widehat{ac})_{1,-1}+\hat{\mu}+\hat{a}_1+\hat{d}_1+(\widehat{ad})_{1,1}-(\hat{\mu}+\hat{a}_1) \\ &= \overline{AC_{1,-1}}+\overline{AD_{1,1}}-\overline{A_1} \\ &= 85+96.5-80.88 = 100.625\end{aligned}$$

• 구간추정: 구간으로 추정하는 것, 구간추정의 결과가 신뢰구간이다.

95% 신뢰구간은 (94.598, 106.652)로 계산된다(계산과정은 생략). 즉, A(1), C(−1), D(1), B(편리한 수준)로 실험한다면 여과율이 95%의 신뢰율로 94.598에서 106.652 사이에 있을 것으로 추정됨을 의미한다.

### 8.2.3 부분요인배치법

부분요인배치법(fractional factorial design)은 불필요한 교호작용이나 고차의 교호작용을 구하지 않고 실험의 크기를 작게 할 수 있도록 인자의 실험조건 중에 일부만을 실험하는 방법이다. 그러나 인자의 모든 실험조건에서 실험을 행하지 않으면 감수하여야 할 정보의 손실이 있다. 이 정보의 손실은 주효과와 교호작용이 교락될 수 있는 것이다. 교락(confounding)은 두 가지 이상의 요인 효과가 서로 섞여서 각각의 효과를 분리하여 파악할 수 없는 현상이다. 부분 요인실험을 설계할 때에는 이러한 교락현상을 고려하여 파악하고자 하는 요인(주효과와 교호작용)들이 서로 교락되지 않도록 하여야 한다. 모든 실험조건의 반만 실험하는 1/2 부분요인배치법이 있고, 모든 실험조건의 1/4만 실험하는 1/4 부분요인배치법이 있다. 물론, 아무렇게 1/2 혹은 1/4의 실험조건을 뽑아서 실험하면 안된다. 부분요인배치법의 원리에 의하여 1/2 혹은 1/4의 실험조건을 선택하여야 한다. 이 내용은

다소 어려운 내용이므로 실험조건 선택방법은 생략하고, 다음 예제를 통하여 설명하기로 한다.

**부분요인배치법 예제**

집적회로(Integrated Circuit)의 제조공정에서 다음의 다섯 가지 공정인자가 수율에 미치는 영향을 평가하고자 한다.

A : aperture setting(small, large)

B : exposure time(20% below nominal, 20% above nominal)

C : development time(30s, 40s)

D : mask dimension(small, large)

E : etch time (14.5 min, 15.5 min)

요인배치법으로 실험하게 되면 32회의 실험조건에서 실험을 행하여야 한다. 그러나 1/2 부분요인배치법을 이용하면 아래와 같이 16회의 실험만 행하면 된다. 이 경우에는 주효과 A, B, C, D, E와 2인자 교호작용 AB, AC, AD, AE, BC, BD, BE, CD, CE, DE는 파악이 가능하지만, 3인자 교호작용 ABC, ABD, ACD, …, CDE는 파악할 수 없게 된다. 1/2 부분요인배치법을 이용하여 실험을 행하여 다음과 같은 데이터를 얻었다. 이 실험의 목표는 수율을 가장 크게 하는 공정조건을 찾는 것이다.

| 실험번호 | A | B | C | D | E | 수율 |
|---|---|---|---|---|---|---|
| 1 | −1 | −1 | −1 | −1 | 1 | 8 |
| 2 | 1 | −1 | −1 | −1 | −1 | 9 |
| 3 | −1 | 1 | −1 | −1 | −1 | 34 |
| 4 | 1 | 1 | −1 | −1 | 1 | 52 |
| 5 | −1 | −1 | 1 | −1 | −1 | 16 |
| 6 | 1 | −1 | 1 | −1 | 1 | 22 |
| 7 | −1 | 1 | 1 | −1 | 1 | 45 |
| 8 | 1 | 1 | 1 | −1 | −1 | 60 |
| 9 | −1 | −1 | −1 | 1 | −1 | 6 |
| 10 | 1 | −1 | −1 | 1 | 1 | 10 |
| 11 | −1 | 1 | −1 | 1 | 1 | 30 |
| 12 | 1 | 1 | −1 | 1 | −1 | 50 |
| 13 | −1 | −1 | 1 | 1 | 1 | 15 |
| 14 | 1 | −1 | 1 | 1 | −1 | 21 |
| 15 | −1 | 1 | 1 | 1 | −1 | 44 |
| 16 | 1 | 1 | 1 | 1 | 1 | 63 |

**[분석]**

(1) 분산분석(ANOVA)에 의한 유의성 판정

| 요인 | DF | Seq SS | Adj SS | Adj MS | F | P |
|---|---|---|---|---|---|---|
| A | 1 | 495.06 | 495.06 | 495.06 | 189.10 | 0.000 |
| B | 1 | 4590.06 | 4590.06 | 4590.06 | 1753.23 | 0.000 |
| C | 1 | 473.06 | 473.06 | 473.06 | 180.69 | 0.000 |
| D | 1 | 3.06 | 3.06 | 3.06 | 1.17 | 0.308 |
| E | 1 | 1.56 | 1.56 | 1.56 | 0.60 | 0.460 |
| A*B | 1 | 189.06 | 189.06 | 189.06 | 72.21 | 0.000 |
| 오차 | 9 | 23.56 | 23.56 | 2.62 | | |
| 총계 | 15 | 5775.44 | | | | |

※ 유의한 요인: 주효과 A, B, C, 교호작용 AB

(2) 주효과도, 교호작용도 작성

주효과도로부터 A, B, C는 수준 간에 차이가 있으나(유의함), D와 E는 수준 간에 거의 차이가 없음(유의하지 않음)을 알 수 있다. 교호작용도로부터 교호작용은 AB만 유의함을 알 수 있다. 이는 정규확률도로부터 판명된 내용과 동일하다.

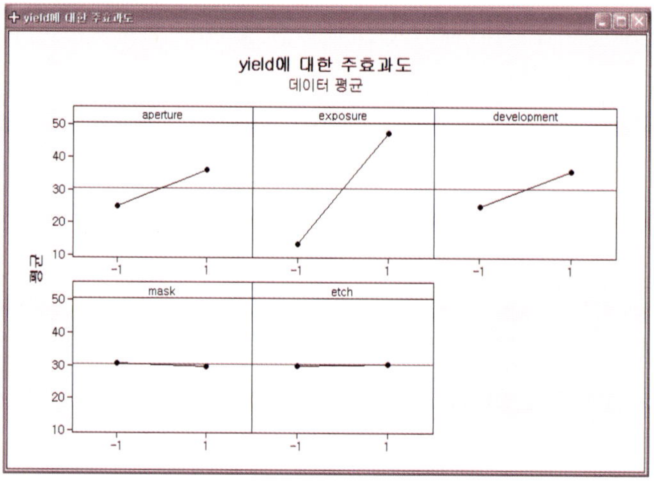


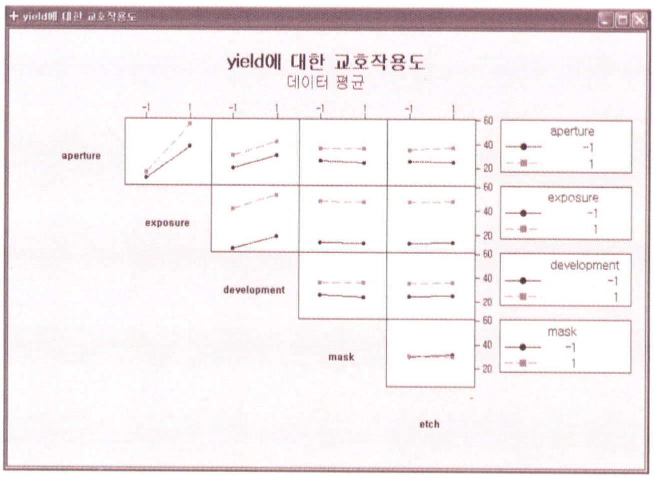

(3) 최적수준의 결정

- AB 교호작용도에서 최적수준: A(1), B(1)
- C 주효과도에서 최적수준: C(1)
- 따라서 종합적인 최적수준은 A(1), B(1), C(1)이다

(4) 최적조건[A(1), B(1), C(1)]에서의 반응치(수율) 추정

- 점추정: 하나의 값으로 추정하는 것

$$\hat{y} = \hat{\mu} + \hat{a}_1 + \hat{b}_1 + \hat{c}_1 + (\widehat{ab})_{1,1} = 61.6875$$

- 구간추정: 구간으로 추정하는 것, 구간추정의 결과가 신뢰구간이다.

  95% 신뢰구간은 (59.7179, 63.6571)로 계산된다(계산과정은 생략). 즉, A(1), B(1), C(1), D(편리한 수준)로 실험한다면 수율이 95%의 신뢰율로 59.7179에서 63.6571 사이에 있을 것으로 추정됨을 의미한다.

### 8.2.4 반응표면분석법

반응표면(response surface)은 반응변수(특성치)와 독립변수(설계변수, 인자)들과의 함수관계를 말한다. 일반적으로 반응표면식은 알려져 있지 않다. 반응표면분석(Response Surface Methodology; RSM)에서는 반응표면에 대한 적절한 통계적 모형을 가정하고, 독립변수의 여러 조건에서 실험을 수행하여 데이터를 얻은 후에 분석을 통하여 반응표면을 추정한다. 추정된 반응표면식을 이용하여 독립변수의 변화에 따른 반응변수의 변화 정도를 분석하는 민감도 분석을 행할 수 있고, 반응변수를 최대(소)화하는 독립변수의 수준조합을 찾아내어 제품 및 공정의 최적화를 꾀할 수 있다.

#### 1) 반응표면 모형

일반적으로 반응표면식은 알려져 있지 않으므로 근사적인 모형을 상정한 후 결합결여검정을 통하여 모형식의 적합성을 평가한다. 반응표면분석에서는 근사적인 모형으로 2차 모형이 사용한다. 예를 들어서, 독립변수가 2개인 경우에 2차 모형은 다음과 같이 표현된다.

$$y_i = \beta_0 + \beta_1 x_{1i} + \beta_2 x_{2i} + \beta_{11} x_{1i}^2 + \beta_{22} x_{2i}^2 + \beta_{12} x_{1i} x_{2i} + \epsilon_i$$

### 2) 2차 반응표면 모형을 추정하기 실험계획법

① 중심합성계획(Central Composite Designs; CCD)

② Box-Behnken 계획

#### 중심합성계획

중심합성계획(Central Composite Designs; CCD)은 1951년에 George Box와 K. B. Wilson에 의해 고안되어 지금까지 반응표면분석의 대표적인 실험계획으로 이용되고 있다. 중심합성계획은 중심점을 포함한 요인배치 실험점(꼭지점)과 축점으로 이루어진다. 독립변수의 수가 $k$ 라면, 요인실험점의 수가 $2^k$ 이고 축점의 수가 $2k$ 이므로, 중심점에서의 반복회수가 $n_c$ 인 경우 총 실험회수는 $2^k+2k+n_c$ 가 된다. 예를 들어, 독립변수의 수가 2인 경우의 중심합성계획이 〈표 8-2〉에 제시되어 있다. 축점의 위치를 나타내는 $\alpha$ 의 값은 중심합성계획이 바람직한 성질을 갖도록 결정되어진다.

〈표 8-2〉 독립변수가 2개인 경우의 중심합성계획

| 실험번호 | $x_1$ | $x_2$ | 내용 |
|---|---|---|---|
| 1 | −1 | −1 | 요인실험점, 꼭짓점 ($2^k=2^2=4$개) |
| 2 | 1 | −1 | |
| 3 | −1 | 1 | |
| 4 | 1 | 1 | |
| 5 | $\alpha$ | 0 | 축점 ($2k=2\times 2=4$개) |
| 6 | $-\alpha$ | 0 | |
| 7 | 0 | $\alpha$ | |
| 8 | 0 | $-\alpha$ | |
| 9 | 0 | 0 | 중심점 ($n_c$ 개) |
| 10 | 0 | 0 | |
| ⋮ | ⋮ | ⋮ | |
| $8+n_c$ | 0 | 0 | |

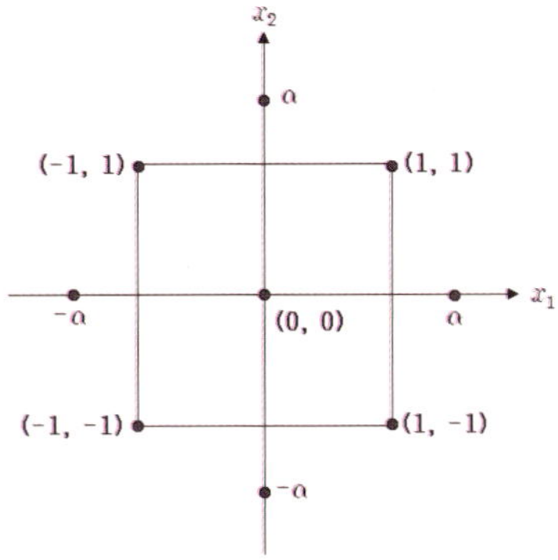


【그림 8-3】 독립변수가 2개인 경우의 중심합성계획 도시

〈표 8-3〉 회전성을 만족하는 $\alpha$ 값

| 독립변수(인자)의 수 | 요인실험점 수 | $\alpha$ 값 |
|---|---|---|
| 2 | $2^2 = 4$ | $2^{(2/4)} = 1.414$ |
| 3 | $2^3 = 8$ | $2^{(3/4)} = 1.682$ |
| 4 | $2^4 = 16$ | $2^{(4/4)} = 2.000$ |
| 5 | $2^5 = 32$ | $2^{(5/4)} = 2.378$ |
| 6 | $2^6 = 64$ | $2^{(6/4)} = 2.828$ |

### Box-Behnken 계획

만일 어떤 인자의 높은 수준과(또는) 낮은 수준의 setting에서 실험을 할 수 없으면, 즉 요인배치법의 어떤 꼭짓점에서 실험을 할 수 없을 때는 어떻게 할 것인가? Box & Behnken(1961)은 균형 불완비 블록 계획법(balanced incomplete block design; BIBD)에 $2^k$ 요인 배치계획을 결합하여 기본계획을 수립하고 중심점에서의 실험수 $n_c$를 추가시켜서 2차 반응표면식을 추정할 수 있는 새로운 실험계획법을 제시하였다. 이를 Box-Behnken 계획이라고 부르며, 꼭짓점의 실험점이 포함되지 않는 실험계획이다. 3인자 Box-Behnken 계획이 〈표 8-4〉에 주어져 있으며, 이를 [그림 8-4]로 나타내면 다음과 같다. 즉, 이것은 육면체의 모서리들의 중심과 전체 실험영역의 중심에서 실험을 하는 계획이다.

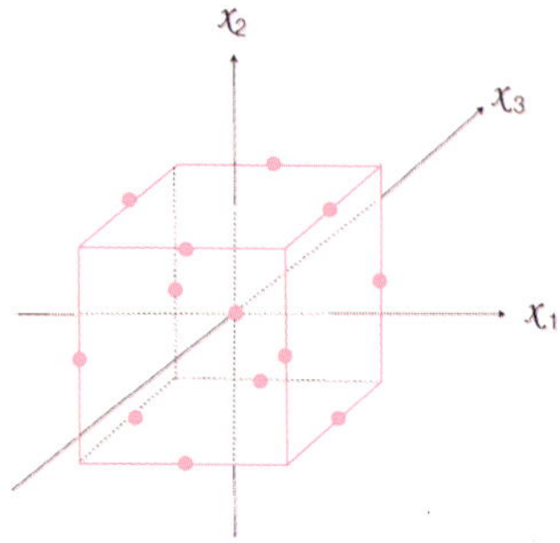


【그림 8-4】 독립변수가 3개인 경우의 Box-Behnken 계획

〈표 8-4〉 독립변수가 3개인 경우의 Box-Behnken 계획

| 실험번호 | $x_1$ | $x_2$ | $x_3$ | 내용 |
|---|---|---|---|---|
| 1 | −1 | −1 | 0 | $x_1, x_2$ 에 의한 $2^2$ 요인조합 |
| 2 | −1 | 1 | 0 | |
| 3 | 1 | −1 | 0 | |
| 4 | 1 | 1 | 0 | |
| 5 | −1 | 0 | −1 | $x_1, x_3$ 에 의한 $2^2$ 요인조합 |
| 6 | −1 | 0 | 1 | |
| 7 | 1 | 0 | −1 | |
| 8 | 1 | 0 | 1 | |
| 9 | 0 | −1 | −1 | $x_2, x_3$ 에 의한 $2^2$ 요인조합 |
| 10 | 0 | −1 | 1 | |
| 11 | 0 | 1 | −1 | |
| 12 | 0 | 1 | 1 | |
| 13 | 0 | 0 | 0 | 중심점 ($n_c$ 개) |
| 14 | 0 | 0 | 0 | |
| ⋮ | ⋮ | ⋮ | ⋮ | |
| $12+n_c$ | 0 | 0 | 0 | |

### 반응표면분석 예제

어느 화학공정에서 반응시간($\xi_1$)과 반응온도($\xi_2$)가 공정의 수율에 영향을 주는 것으로 알려져 있다. 현행 공정조건의 수율이 40%에 불과하다. 수율을 향상시키기 위하여 반응표면분석법으로 실험하기로 하였다. 2차 반응표면 모형을 추정하기 위한 실험계획법으로 중심합성계획을 사용하기로 하였다. 여기서 실제 변수($\xi_1$, $\xi_2$)와 변환된 변수($x_1$, $x_2$) 사이에는 다음과 같은 관계가 있다.

$$x_1 = \frac{\xi_1 - 85}{5}, \quad x_2 = \frac{\xi_2 - 175}{5}$$

**[분석]**

(1) 반응표면모형식 추정

추정된 모형식은 다음과 같다(과정 생략).

$$\hat{y} = 79.94 + 0.995x_1 + 0.515x_2 - 1.376x_1^2 - 1.001x_2^2 + 0.25x_1x_2$$

〈표 8-5〉 화학공정의 실험계획과 실험결과

| 실험번호 | $\xi_1$ | $\xi_2$ | $x_1$ | $x_2$ | 수율 |
|---|---|---|---|---|---|
| 1 | 80 | 170 | −1 | −1 | 76.5 |
| 2 | 90 | 170 | 1 | −1 | 78.0 |
| 3 | 80 | 180 | −1 | 1 | 77.0 |
| 4 | 90 | 180 | 1 | 1 | 79.5 |
| 5 | 85 | 175 | 0 | 0 | 79.9 |
| 6 | 85 | 175 | 0 | 0 | 80.3 |
| 7 | 85 | 175 | 0 | 0 | 80.0 |
| 8 | 85 | 175 | 0 | 0 | 79.7 |
| 9 | 85 | 175 | 0 | 0 | 79.8 |
| 10 | 77.93 | 175 | −1.414 | 0 | 75.6 |
| 11 | 92.07 | 175 | 1.414 | 0 | 78.4 |
| 12 | 85 | 167.93 | 0 | −1.414 | 77.0 |
| 13 | 85 | 182.07 | 0 | 1.411 | 78.5 |

(2) 최적조건 도출

정상점은 추정된 반응표면모형식을 각 변수에 관하여 편미분하여 0으로 놓고 푼 것이며, 다음과 같이 계산된다.

$$x_0 = -\frac{1}{2}B^{-1}b$$

$$= -\frac{1}{2}\begin{bmatrix} -1.376 & 0.125 \\ 0.125 & -1.001 \end{bmatrix}^{-1}\begin{bmatrix} 0.995 \\ 0.515 \end{bmatrix}$$

$$= -\frac{1}{2}\begin{bmatrix} -0.7345 & -0.0917 \\ -0.0917 & -1.0096 \end{bmatrix}\begin{bmatrix} 0.995 \\ 0.515 \end{bmatrix}$$

$$= \begin{bmatrix} 0.389 \\ 0.306 \end{bmatrix}$$

그리고 정상점에 대한 실제 변수의 값은

$$0.389 = \frac{\xi_1 - 85}{5}, \quad 0.306 = \frac{\xi_2 - 175}{5}$$

으로부터 $\xi_1 = 86.95$, $\xi_2 = 176.53$으로 계산된다. 이 정상점이 최대, 최소, 혹은 변곡점인 지를 판단하기 위하여 표면도와 등고선도를 작성하여야 한다.

| 정상점 | 표면도(surface plot) | 등고선도(contour plot) |
|---|---|---|
| ① 최대점 | 함수 $\hat{y}$ 이 산 모양을 함 | 가운데로 갈수록 값이 점점 커지는 동심원 |
| ② 최소점 | 함수 $\hat{y}$ 이 컵 모양을 함 | 가운데로 갈수록 값이 점점 작아지는 동심원 |
| ③ 변곡점 | 함수 $\hat{y}$ 이 말안장(saddle) 모양을 함 | 등고선이 사방으로 퍼져 있는 모양 |

## 표면도, 등고선도 작성

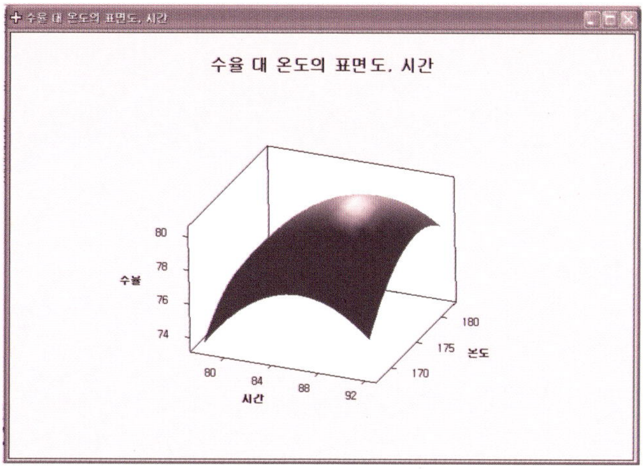


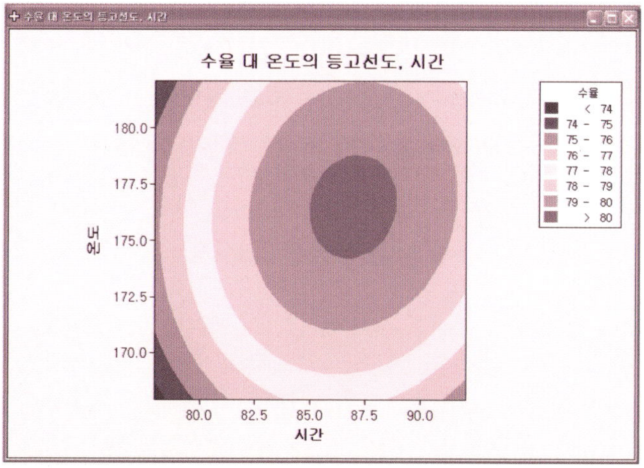


표면도와 등고선도를 통하여 위에서 구한 정상점은 최대점임을 알 수 있다. 이 최대점에서의 수율은 다음과 같이 추정된다.

$$\begin{aligned}\hat{y} &= 79.94 + 0.995x_1 + 0.515x_2 - 1.376x_1^2 - 1.001x_2^2 + 0.25x_1x_2 \\ &= 79.94 + 0.995(0.389) + 0.515(0.306) - 1.376(0.389)^2 - 1.001(0.306)^2 + 0.25(0.389)(0.306) \\ &= 80.21\end{aligned}$$

즉, 최적공정조건은 반응시간이 86.95분이고, 반응온도가 176.53°F 이며, 이때의 수율은 80.21로 예측된다.

### 8.2.5 혼합물 실험계획법

혼합물 실험(mixture experiment)은 반응표면분석의 특별한 경우로 연구 대상인 제품이 여러 성분(component 또는 ingredient)들로 구성되는 실험이다. 혼합물 실험의 목적은 성분과 반응변수 간의 적합한 모형을 적절한 실험계획(심플렉스 격자 계획, 심플렉스 중심 계획, 꼭짓점 계획 등)에 의해 추정하고, 반응을 최대 혹은 최소화하는 최적 혼합비율을 구하는데 있다. 예를 들어, 밀가루, 베이킹파우더, 우유, 계란, 기름의 다섯 가지 성분들로 이루어진 팬케익 믹스(pancake mix)의 개발을 위한 실험을 들 수 있다. 그리고 네 가지 화학 성분들을 섞어서 만드는 살충제를 개발하는 경우를 예로 들 수 있다.

성분의 수를 $q$ 라고 하면, 혼합물실험에서는 성분 $x_i\,(i=1,2,\cdots,q)$의 비율(proportion)을 합하여 1이 되어야 하므로 다음과 같은 제약을 갖는다.

$$0 \leqq x_i \leqq 1,\ \ i=1,2,\cdots,q$$

$$\sum_{i=1}^{q} x_i = 1$$

따라서 성분이 둘인 경우에 가능한 해 공간은 $x_1+x_2=1$ 이며, [그림 8-5] (a)에서 두 꼭짓점을 연결한 선분이 된다. 세 가지 성분의 혼합물 실험에서의 가능한 해 공간은 $x_1+x_2+x_3=1$ 이며, [그림 8-5] (b)에서 세 꼭짓점을 연결한 평면이 된다. 기하학에서 $n$ 차원 공간에서 $n-1$ 차원 초평면(hyperplane)을 심플렉스(simplex)라 부른다. 즉, 혼합물 실험에서 가능한 해 공간은 각 성분이 1인 꼭짓점을 연결한 심플렉스 상에 있다.

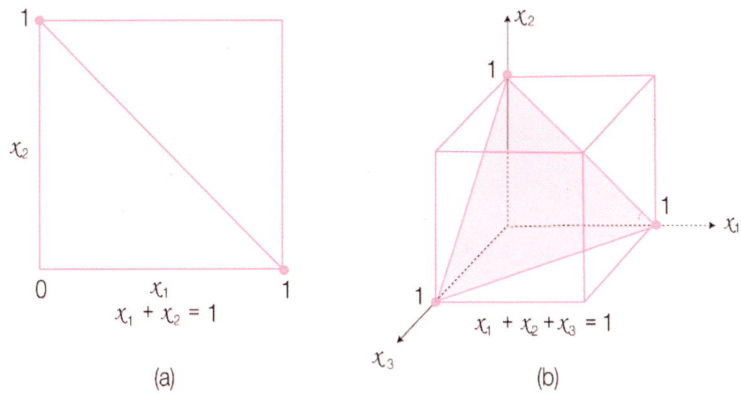


【그림 8-5】 혼합물 실험에서의 가능한 해 영역

### 1) 혼합물 실험의 모형

혼합물 실험의 목적은 성분과 반응변수 간의 적합한 모형을 적절한 실험계획에 의해 추정하고, 반응을 최대 혹은 최소화하는 최적 혼합비율을 구하는데 있다. 혼합물 실험에서 주로 사용되는 모형은 1차, 2차, 특수 3차, 완전 3차 모형이다. 예를 들어, 성분의 수가 3개인 경우의 모형은 〈표 8-6〉과 같다.

〈표 8-6〉 성분의 수가 3인 경우 반응표면 모형식

| 모형 차수 | 모형식 |
|---|---|
| 1차 | $E(y) = \beta_1 x_1 + \beta_2 x_2 + \beta_3 x_3$ |
| 2차 | $E(y) = \beta_1 x_1 + \beta_2 x_2 + \beta_3 x_3 + \beta_{12} x_1 x_2 + \beta_{13} x_1 x_3 + \beta_{23} x_2 x_3$ |
| 특수 3차 | $E(y) = \beta_1 x_1 + \beta_2 x_2 + \beta_3 x_3 + \beta_{12} x_1 x_2 + \beta_{13} x_1 x_3 + \beta_{23} x_2 x_3 + \beta_{123} x_1 x_2 x_3$ |
| 완전 3차 | $E(y) = \beta_1 x_1 + \beta_2 x_2 + \beta_3 x_3 + \beta_{12} x_1 x_2 + \beta_{13} x_1 x_3 + \beta_{23} x_2 x_3 + \delta_{12} x_1 x_2 (x_1 - x_2) + \delta_{13} x_1 x_3 (x_1 - x_3) + \delta_{23} x_2 x_3 (x_2 - x_3) + \beta_{123} x_1 x_2 x_3$ |

### 2) 혼합물 실험을 위한 실험계획법

➜ 심플렉스 격자 계획(simplex lattice design)

➜ 심플렉스 중심 계획(simplex centroid design)

➜ 꼭짓점 계획(extreme vertices design)

**혼합물 실험계획법 예제**

어떤 섬유를 생산하기 위하여 3가지 성분 - 폴리에틸렌($x_1$), 폴리스틸렌($x_2$), 폴리프로필렌($x_3$) - 을 혼합하는 실험을 행하였다. 이를 위하여 사용한 혼합물 실험계획은 심플렉스 격자 계획이고, 실험점과 데이터는 다음과 같다. 데이터는 섬유의 인장강도를 kg단위로 측정하였다. 이 혼합물 실험의 목적은 섬유의 인장강도를 가장 크게 하는 성분의 혼합 비율을 찾는 것이다.

| 실험점 | $x_1$ | $x_2$ | $x_3$ | 데이터 |
|---|---|---|---|---|
| 1 | 1 | 0 | 0 | 11.0, 12.4 |
| 2 | 1/2 | 1/2 | 0 | 15.0, 14.8, 16.1 |
| 3 | 1/2 | 0 | 1/2 | 17.7, 16.4, 16.6 |
| 4 | 0 | 1 | 0 | 8.8, 10.0 |
| 5 | 0 | 1/2 | 1/2 | 10.0, 9.7, 11.8 |
| 6 | 0 | 0 | 1 | 16.8, 16.0 |

**[분석]**

(1) 모형의 추정 및 모형의 적합성 검정

분석 결과로부터 추정된 2차 반응표면 모형은 다음과 같다(과정 생략).

$$\hat{y} = 11.7x_1 + 9.4x_2 + 16.4x_3 + 19x_1x_2 + 11.4x_1x_3 - 9.6x_2x_3$$

(2) 표면도와 등고선도를 이용한 최적 조건 탐색

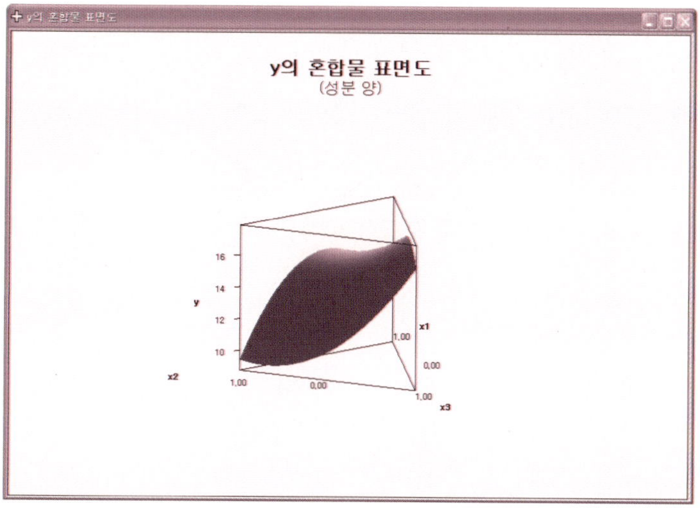


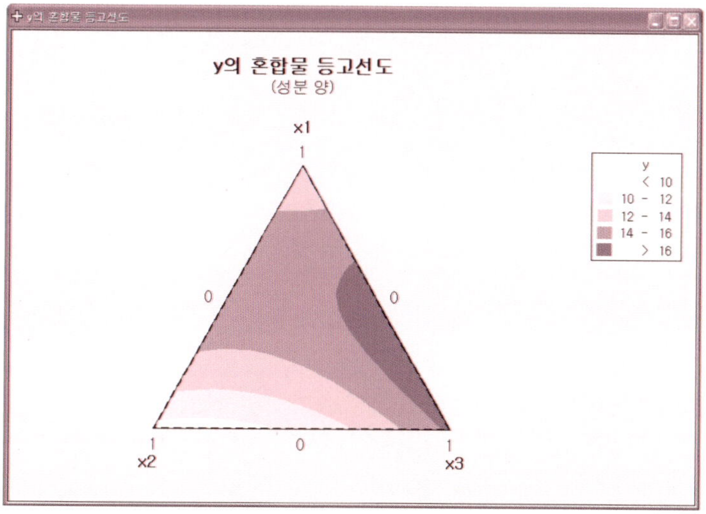


표면도(surface plot)와 등고선도(contour plot)로부터 성분 $x_1$ 과 $x_3$ 두 가지만을 섞은 혼합물(binary blend)일 때 인장강도가 최대가 된다. 즉, 성분의 최적혼합비율은 $x_1$ 이 20%~25%이고, $x_3$ 가 75%~80%일 때 인장강도($y$)는 17.3 정도로 예측된다.

### 8.2.6 다구치 방법

다구치 방법(Taguchi Method) 혹은 강건 설계(Robust Design)의 핵심은 제품이나 공정의 경제적 설계 또는 개선을 통해 품질이 균일한(산포가 작은) 제품을 소비자에게 제공함으로써 기업의 생산성과 경쟁력 향상을 도모하자는 것이며, 이를 위해 Taguchi는

① 직교표(orthogonal table)에 의한 실험계획

② SN비(signal-to-noise ratio)에 의한 데이터 분석

③ 손실함수에 의한 경제성 평가

등의 구체적 기법을 제안하고 있다.

〈표 8-7〉 손실함수

| 특성치 | 손실함수 | 함수그림 |
|---|---|---|
| 망소특성 | $L(y) = ky^2$<br>단, $k = W/\Delta^2$ | 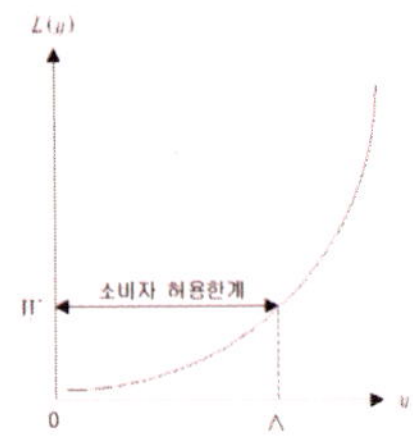 |
| 망대특성 | $L(y) = k/y^2$<br>단, $k = W\Delta^2$ | 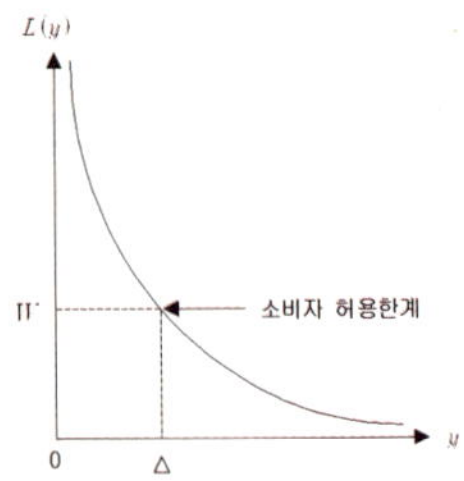 |
| 망목특성 | $L(y) = k(y-m)^2$<br>단, $k = W/\Delta^2$ | 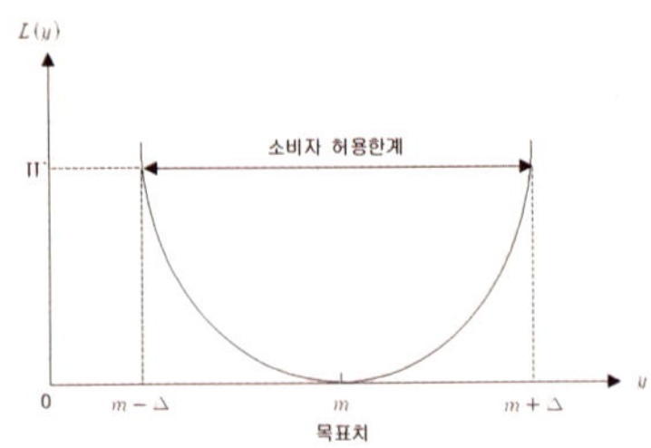 |

### 1) 손실의 원인과 손실함수

손실은 제품의 특성치가 목표치를 유지하지 못하고 산포함으로써 야기된다. 그리고 제품의 품질이 균일하지 못하고 산포하는 것은 사용 환경의 변화, 부품의 노후화, 생산 환경의 변화와 같은 잡음(noise)요인으로 발생한다. Taguchi는 이와 같은 손실을 손실함수를 도입하여 정량화하였다. 제품의 특성치를 $y$라 하고 $m$을 $y$의 목표치라 하고, 제품의 사용기간 중 임의의 시점에서 $y$가 $m$으로부터 벗어남으로 인하여 소비자가 감수해야 할 손실을 화폐단위로 나타낸 것을 손실함수 $L(y)$ 라 하자. Taguchi는 손실함수를 특성치가 망소, 망대, 망목에 따라서 〈표 8-7〉과 같이 정의하였다. 그리고 $y$가 규격을 벗어나서 제품을 수리하거나 폐기처분하는 데 드는 비용이 $W$라고 하면 손실함수의 계수는 〈표 8-7〉과 같이 정해진다.

### 2) 기대손실

기대손실은 제품이 사용되어지는 기간 동안에 $y$가 목표치로부터 산포함으로써 야기되는 손실의 평균치이다. 특성치가 망소, 망대, 망목에 따른 기대손실과 이 기대손실을 최소화하기 위한 방안을 〈표 8-8〉에 정리하였다.

〈표 8-8〉 기대손실과 최소화 방안

| 특성치 | 기대손실 | 기대손실을 최소화하기 위한 방안 |
|---|---|---|
| 망소 특성 | $L=E\{L(y)\}=E(ky^2)=k(\sigma^2+\mu^2)$ | 분산을 작게, 동시에 평균을 가능한 한 목표치 0에 가깝게 하여야 함 |
| 망대 특성 | $L=E\{L(y)\}=E\left(\frac{k}{y^2}\right)\approx\frac{k}{\mu^2}\left(\frac{3\sigma^2}{\mu^2}+1\right)$ | 분산을 작게, 동시에 평균을 가능한 한 크게 하여야 함 |
| 망목 특성 | $L=E\{L(y)\}=E\{k(y-m)^2\}=k\{\sigma^2+(\mu-m)^2\}$ | 분산을 작게, 동시에 평균을 가능한 한 목표치에 접근시켜야 함 |

### 3) 직교표의 활용

직교표는 특성치에 영향을 미치리라 여겨지는 설계변수(제어인자)의 수가 많아서 인자 수준의 모든 조합에 대해 실험을 행하기 어려울 때, 적은 실험횟수로써 주효과와 선택된 교호작용에 대한 정보를 얻기 위해 사용할 수 있다. 참고로 직교표와 요인배치법(factorial design)을 실험 횟수의 관점에서 비교해 보면 〈표 8-9〉와 같다.

〈표 8-9〉 직교표와 요인배치법의 실험 횟수

| 2수준 | | | 3수준 | | |
|---|---|---|---|---|---|
| 인자수 | 직교표 | 요인배치법 | 인자수 | 직교표 | 요인배치법 |
| 3 | 4 | 8 | | | |
| 7 | 8 | 128 | 4 | 9 | 81 |
| 11 | 12 | 2,048 | 13 | 27 | 1,594,323 |
| 15 | 16 | 32,768 | 40 | 81 | $0.12158 \times 10^{20}$ |
| 31 | 32 | 2,147,483,647 | | | |

직교표의 대표적인 것은 다음과 같다.

- 2수준계 직교표 :
  $L_4(2^3)$, $L_8(2^7)$, $L_{12}(2^{11})$, $L_{16}(2^{15})$, $L_{32}(2^{31})$
- 3수준계 직교표 :
  $L_9(3^4)$, $L_{27}(3^{13})$, $L_{81}(3^{40})$
- 혼합수준계 직교표 :
  $L_{18}(2^1 X 3^7)$, $L_{36}(2^{11} X 3^{12})$, $L_{36}(2^3 X 3^{13})$

### 4) 잡음을 고려한 실험계획 및 SN비 분석

Taguchi 방법에서는 다음과 같은 내용으로 실험계획 및 분석을 행하여야 한다.

① 설계변수(제어인자)의 한 조합(즉, 직교표의 한 행)에서 여러 개의 특성치를 얻는다. 이는 한 실험점에서 특성치에 대한 잡음의 영향을 파악하기 위해서이다. 아래 예에서 제어인자가 배치된 직교표는 $L_8(2^7)$이다. 2수준 인자 7개까지 배치할 수 있다. 2수준 인자 7개인 경우 요인배치법으로 실험하게 되면 총 실험횟수는 $2^7 = 128$회가 된다. 이 경우 $L_8(2^7)$ 직교표를 이용하게 되면 총 실험횟수가 8회가 된다.

| 실험번호 | 제어인자 | | | | | | | 반복 데이터 | | | | SN비 |
|---|---|---|---|---|---|---|---|---|---|---|---|---|
| | A | B | C | D | E | F | G | 1 | 2 | 3 | 4 | |
| 1 | 1 | 1 | 1 | 1 | 1 | 1 | 1 | $y_{11}$ | $y_{12}$ | $y_{13}$ | $y_{14}$ | $SN_1$ |
| 2 | 1 | 1 | 1 | 2 | 2 | 2 | 2 | $y_{21}$ | $y_{22}$ | $y_{23}$ | $y_{24}$ | $SN_2$ |
| 3 | 1 | 2 | 2 | 1 | 1 | 2 | 2 | $y_{31}$ | $y_{32}$ | $y_{33}$ | $y_{34}$ | $SN_3$ |
| 4 | 1 | 2 | 2 | 2 | 2 | 1 | 1 | $y_{41}$ | $y_{42}$ | $y_{43}$ | $y_{44}$ | $SN_4$ |
| 5 | 2 | 1 | 2 | 1 | 2 | 1 | 2 | $y_{51}$ | $y_{52}$ | $y_{53}$ | $y_{54}$ | $SN_5$ |
| 6 | 2 | 1 | 2 | 2 | 1 | 2 | 1 | $y_{61}$ | $y_{62}$ | $y_{63}$ | $y_{64}$ | $SN_6$ |
| 7 | 2 | 2 | 1 | 1 | 2 | 2 | 1 | $y_{71}$ | $y_{72}$ | $y_{73}$ | $y_{74}$ | $SN_7$ |
| 8 | 2 | 2 | 1 | 2 | 1 | 1 | 2 | $y_{81}$ | $y_{82}$ | $y_{83}$ | $y_{84}$ | $SN_8$ |

② 일반 실험계획법에서는 원데이터 y에 대한 분석을 행하지만, Taguchi 방법에서는 SN비(신호 대 잡음비)로 분석한다. 특성치의 종류에 따른 SN비 공식을 다음 표에 정리하였다. SN비로 분석할 때 SN비를 최대로 하는 조건을 찾게 되는데, 이는 잡음인자에 강건한(robust) 설계변수의 조건을 찾기 위한 것이며, 결과적으로 기대손실이 최소가 된다.

〈표 8-10〉 SN비의 종류

| 특성치 | SN비 공식 |
|---|---|
| 망소특성 | $SN_i = -10\log\left\{\frac{1}{n}\sum_{j=1}^{n} y_{ij}^2\right\}$ |
| 망대특성 | $SN_i = -10\log\left\{\frac{1}{n}\sum_{j=1}^{n} \frac{1}{y_{ij}^2}\right\}$ |
| 망목특성 | $SN_i = 10\log\frac{(\overline{y_i})^2}{s_i^2}$ |

### 다구치 방법 사례

이 사례는 자동차 속도계용 케이블의 사출성형 후의 수축 문제에 Taguchi 방법을 적용한 것이다. 현재 생산되고 있는 케이블은 열이 발생하면 케이블이 수축되는 품질문제를 갖고 있다. 케이블의 수축이 지나치게 크면 속도계에서 노이즈가 발생하게 된다.

이 제품의 생산공정은 다음과 같다.

① 폴리프로필렌 라이너를 사출성형하고 냉각시켜서 감는다.
② 감은 라이너를 풀어서 그 두레에 편복선을 붙이고 감는다.
③ 그리고 와이어로 피복된 라이너를 풀어서 여기에 폴리프로필렌을 코팅하고 최종적인 길이로 전달한다.

이 실험에서는 케이블 수축과 관계가 있을 듯한 인자의 리스트를 만들기 위해 고객, 생산부문, 품질관리부문, 생산과 공정에 종사하는 기술자로부터 의견을 들었다. 실험에서 다룰 수 있는 많은 제어인자는 합의에 의해 15개로 압축되었다. 이 가운데 처음 4인자는 라이너의 공정, 다음의 3인자는 와이어를 피복하는 공정, 마지막 8인자는 코팅공정에 관련된 것이다. 각 인자의 수준은 공정에 밝은 담당자가 선택했다.

| 공정 | 인자명 | 인자 내용 | 수준 | |
|---|---|---|---|---|
| | | | 수준1 | 수준2 |
| 라이너 공정 | A | 라이너 바깥지름 | 현행 | 변경 |
| | B | 라이너 금형 | 현행 | 변경 |
| | C | 라이너 재료 | 현행 | 변경 |
| | D | 라이너 인발속도 | 현행 | 현행의 80% |
| 와이어 피복 공정 | E | 와이어 편복선의 유형 | 현행 | 변경 |
| | F | 와이어 텐션 | 현행 | 변경 |
| | G | 와이어 지름 | 지름축소 | 현행 |
| 코팅공정 | H | 라이너 텐션 | 현행 | 텐션을 증대 |
| | J | 라이너 온도 | 주위온도 | 예비가열 |
| | K | 코팅 재료 | 현행 | 변경 |
| | L | 코팅 금형 | 현행 | 변경 |
| | M | 멜트의 온도 | 현행 | 온도를 내렸다 |
| | N | 스크린 팩 | 현행 | 밀도를 높였다 |
| | O | 냉각 방법 | 현행 | 변경 |
| | P | 인발 속도 | 현행 | 현행의 70% |

이 실험은 직교표 $L_{16}(2^{15})$을 이용하여 행하기로 하였다. 직교표 $L_{16}(2^{15})$에서는 2수준 인자를 15개까지 할당할 수 있다. 요인배치법으로 실험하는 경우에는 총 실험횟수가 $2^{15} = 32678$가 된다. 그러나 $L_{16}(2^{15})$를 이용하면 총 실험횟수가 16회가 된다.

각 실험조건에서 3000피트의 제품에서 랜덤하게 시료를 채취한 다음 2시간의 히트 쇼크 테스트(heat-soak test)를 별도로 4회에 걸쳐 실시하여 케이블의 수축률을 아래 식으로 계산하여 기록했다. 따라서 특성치는 망소특성임을 알 수 있다.

$$\text{수축률} = 100 \times \left( \frac{\text{사출직후의 길이} - \text{2시간 시험후의 길이}}{\text{사출직후의 길이}} \right)$$

| 실험번호 | A | B | C | D | E | F | G | H | J | K | L | M | N | O | P | $y_1$ | $y_2$ | $y_3$ | $y_4$ |
|---|---|---|---|---|---|---|---|---|---|---|---|---|---|---|---|---|---|---|---|
| 1 | 1 | 1 | 1 | 1 | 1 | 1 | 1 | 1 | 1 | 1 | 1 | 1 | 1 | 1 | 1 | 0.49 | 0.54 | 0.46 | 0.45 |
| 2 | 1 | 1 | 1 | 1 | 1 | 1 | 1 | 2 | 2 | 2 | 2 | 2 | 2 | 2 | 2 | 0.55 | 0.60 | 0.57 | 0.58 |
| 3 | 1 | 1 | 1 | 2 | 2 | 2 | 2 | 1 | 1 | 1 | 1 | 2 | 2 | 2 | 2 | 0.07 | 0.09 | 0.11 | 0.08 |
| 4 | 1 | 1 | 1 | 2 | 2 | 2 | 2 | 2 | 2 | 2 | 2 | 1 | 1 | 1 | 1 | 0.16 | 0.16 | 0.19 | 0.19 |
| 5 | 1 | 2 | 2 | 1 | 1 | 2 | 2 | 1 | 1 | 2 | 2 | 1 | 1 | 2 | 2 | 0.13 | 0.22 | 0.20 | 0.23 |
| 6 | 1 | 2 | 2 | 1 | 1 | 2 | 2 | 2 | 2 | 1 | 1 | 2 | 2 | 1 | 1 | 0.16 | 0.17 | 0.13 | 0.12 |
| 7 | 1 | 2 | 2 | 2 | 2 | 1 | 1 | 1 | 1 | 2 | 2 | 2 | 2 | 1 | 1 | 0.24 | 0.22 | 0.19 | 0.25 |
| 8 | 1 | 2 | 2 | 2 | 2 | 1 | 1 | 2 | 2 | 1 | 1 | 1 | 1 | 2 | 2 | 0.13 | 0.19 | 0.19 | 0.19 |
| 9 | 2 | 1 | 2 | 1 | 2 | 1 | 2 | 1 | 2 | 1 | 2 | 1 | 2 | 1 | 2 | 0.08 | 0.10 | 0.13 | 0.18 |
| 10 | 2 | 1 | 2 | 1 | 2 | 1 | 2 | 2 | 1 | 2 | 1 | 2 | 1 | 2 | 1 | 0.07 | 0.04 | 0.19 | 0.18 |
| 11 | 2 | 1 | 2 | 2 | 1 | 2 | 1 | 1 | 2 | 1 | 2 | 2 | 1 | 2 | 1 | 0.48 | 0.49 | 0.44 | 0.41 |
| 12 | 2 | 1 | 2 | 2 | 1 | 2 | 1 | 2 | 1 | 2 | 1 | 1 | 2 | 1 | 2 | 0.54 | 0.53 | 0.53 | 0.54 |
| 13 | 2 | 2 | 1 | 1 | 2 | 2 | 1 | 1 | 2 | 2 | 1 | 1 | 2 | 2 | 1 | 0.13 | 0.17 | 0.21 | 0.17 |
| 13 | 2 | 2 | 1 | 1 | 2 | 2 | 1 | 2 | 1 | 1 | 2 | 2 | 1 | 1 | 2 | 0.28 | 0.26 | 0.26 | 0.30 |
| 15 | 2 | 2 | 1 | 2 | 1 | 1 | 2 | 1 | 2 | 2 | 1 | 2 | 1 | 1 | 2 | 0.34 | 0.32 | 0.40 | 0.41 |
| 16 | 2 | 2 | 1 | 2 | 1 | 1 | 2 | 2 | 1 | 1 | 2 | 1 | 2 | 2 | 1 | 0.58 | 0.62 | 0.59 | 0.54 |

[분석]

① SN비 계산

망소특성의 SN비 계산공식에 의하여 SN비값이 다음과 같이 계산된다.

워크시트 1 ***

| ↓ | C1 | C2 | C3 | C4 | C5 | C6 | C7 | C8 | C9 | C10 | C11 | C12 | C13 | C14 | C15 | C16 | C17 | C18 | C19 | C20 |
|---|---|---|---|---|---|---|---|---|---|---|---|---|---|---|---|---|---|---|---|---|
|  | A | B | C | D | E | F | G | H | J | K | L | M | N | O | P | y1 | y2 | y3 | y4 | 신호 대 잡음 비1 |
| 1 | 1 | 1 | 1 | 1 | 1 | 1 | 1 | 1 | 1 | 1 | 1 | 1 | 1 | 1 | 1 | 0.49 | 0.54 | 0.46 | 0.45 | 6.2626 |
| 2 | 1 | 1 | 1 | 1 | 1 | 1 | 1 | 2 | 2 | 2 | 2 | 2 | 2 | 2 | 2 | 0.55 | 0.60 | 0.57 | 0.58 | 4.8024 |
| 3 | 1 | 1 | 1 | 2 | 2 | 2 | 2 | 1 | 1 | 1 | 1 | 2 | 2 | 2 | 2 | 0.07 | 0.09 | 0.11 | 0.08 | 21.0375 |
| 4 | 1 | 1 | 1 | 2 | 2 | 2 | 2 | 2 | 2 | 2 | 2 | 1 | 1 | 1 | 1 | 0.16 | 0.16 | 0.19 | 0.19 | 15.1074 |
| 5 | 1 | 2 | 2 | 1 | 1 | 2 | 2 | 1 | 1 | 2 | 2 | 1 | 1 | 2 | 2 | 0.13 | 0.22 | 0.20 | 0.23 | 14.0285 |
| 6 | 1 | 2 | 2 | 1 | 1 | 2 | 2 | 2 | 2 | 1 | 1 | 2 | 2 | 1 | 1 | 0.16 | 0.17 | 0.13 | 0.12 | 16.6857 |
| 7 | 1 | 2 | 2 | 2 | 2 | 1 | 1 | 1 | 1 | 2 | 2 | 2 | 2 | 1 | 1 | 0.24 | 0.22 | 0.19 | 0.25 | 12.9115 |
| 8 | 1 | 2 | 2 | 2 | 2 | 1 | 1 | 2 | 2 | 1 | 1 | 1 | 1 | 2 | 2 | 0.13 | 0.19 | 0.19 | 0.19 | 15.0446 |
| 9 | 2 | 1 | 2 | 1 | 2 | 1 | 2 | 1 | 2 | 1 | 2 | 1 | 2 | 1 | 2 | 0.08 | 0.10 | 0.14 | 0.18 | 17.6700 |
| 10 | 2 | 1 | 2 | 1 | 2 | 1 | 2 | 2 | 1 | 2 | 1 | 2 | 1 | 2 | 1 | 0.07 | 0.04 | 0.19 | 0.18 | 17.2700 |
| 11 | 2 | 1 | 2 | 2 | 1 | 2 | 1 | 1 | 2 | 1 | 2 | 2 | 1 | 2 | 1 | 0.48 | 0.49 | 0.44 | 0.41 | 6.8183 |
| 12 | 2 | 1 | 2 | 2 | 1 | 2 | 1 | 2 | 1 | 2 | 1 | 1 | 2 | 1 | 2 | 0.54 | 0.53 | 0.53 | 0.54 | 5.4325 |
| 13 | 2 | 2 | 1 | 1 | 2 | 2 | 1 | 1 | 2 | 2 | 1 | 1 | 2 | 2 | 1 | 0.13 | 0.17 | 0.21 | 0.17 | 15.2724 |
| 14 | 2 | 2 | 1 | 1 | 2 | 2 | 1 | 2 | 1 | 1 | 2 | 2 | 1 | 1 | 2 | 0.28 | 0.26 | 0.26 | 0.30 | 11.1976 |
| 15 | 2 | 2 | 1 | 2 | 1 | 1 | 2 | 1 | 2 | 2 | 1 | 2 | 1 | 1 | 2 | 0.34 | 0.32 | 0.40 | 0.41 | 8.6479 |
| 16 | 2 | 2 | 1 | 2 | 1 | 1 | 2 | 2 | 1 | 1 | 2 | 1 | 2 | 2 | 1 | 0.58 | 0.62 | 0.59 | 0.54 | 4.6836 |

② SN비에 대한 분산분석

분산분석(ANOVA) 결과 유의한(수준 간에 차이가 있는) 인자는 A, C, D, E, F, G, H, L이었다(과정 생략).

③ SN비에 대한 주효과도 작성

이는 SN비의 수준별 평균값을 그림으로 나타낸 것이다. 경사가 급한 요인이 수준 간에 차이가 있는 즉, 유의한 요인임을 나타낸다. 주효과도로부터 유의한(수준 간에 차이가 있는) 인자는 A, C, D, E, F, G, H, L임을 알 수 있다. 이는 분산분석의 결과와 일치한다.

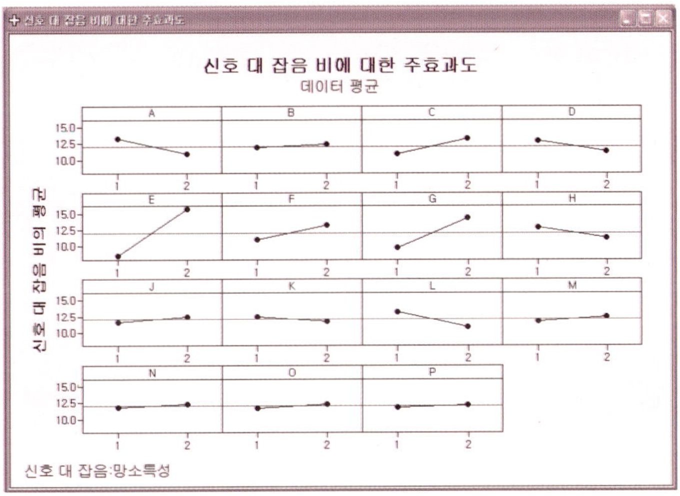


④ 최적조건의 결정

설계변수(제어인자)의 최적조건은 SN비를 최대로 하는 수준이다. 따라서 SN비에 대한 주효과도로부터 최적조건을 $A_1 C_2 D_1 E_2 F_2 G_2 H_1 L_1$으로 정할 수 있다. 나머지 인자는 경제성, 기술적 편의성 등을 고려하여 적절한 수준을 택할 수 있다.

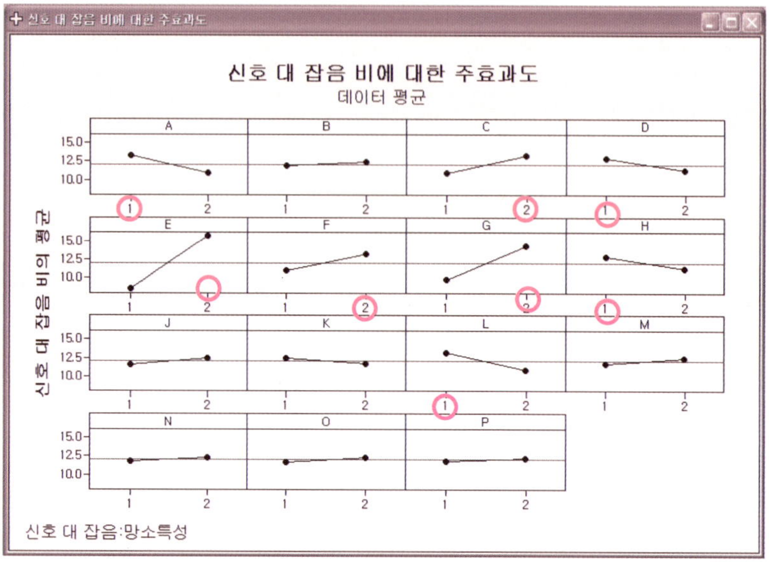


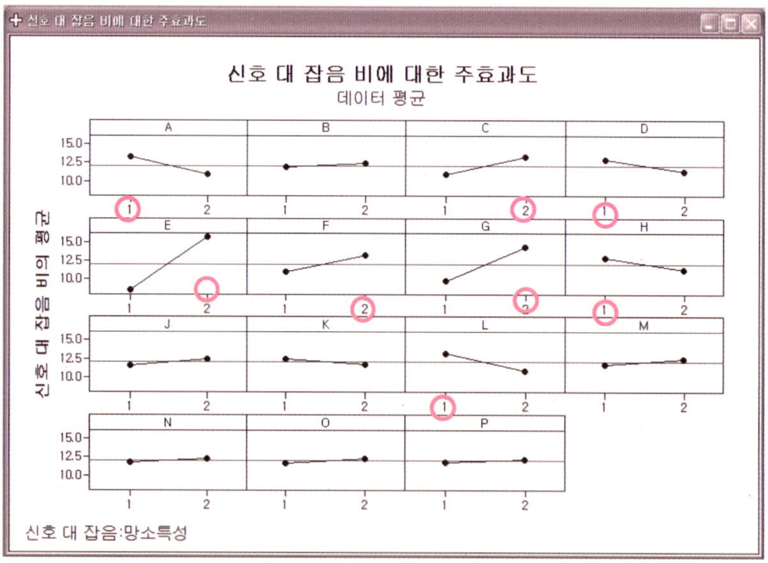


⑤ 최적조건에서의 SN비 예측

최적조건에서의 SN비에 대한 예측치(점추정값)는 다음과 같이 계산된다.

$$\widehat{SN}_{최적} = \hat{\mu}+\hat{a}_1+\hat{c}_2+\hat{d}_1+\hat{e}_2+\hat{f}_2+\hat{g}_2+\hat{h}_1+\hat{l}_1 = 24.3$$

현행조건에서의 SN비에 대한 예측치(점추정값)는 다음과 같이 계산된다.

$$\widehat{SN}_{현행} = \hat{\mu} + \hat{a}_1 + \hat{c}_1 + \hat{d}_1 + \hat{e}_1 + \hat{f}_2 + \hat{g}_1 + \hat{h}_1 + \hat{l}_1 = 10.0015$$

⑥ 확인실험

다구치 방법에서는 통상 찾은 최적조건은 실험이 행해지지 않은 조건일 경우가 많다. 이 경우에는 반드시 확인실험을 실시하여야 한다. 이 확인실험에서의 데이터로 계산된 SN비값이 예측구간 안에 떨어지면 앞서 구한 최적조건의 재현성이 확인된다. 그러나 예측구간 안에 들어가지 않는다면 이 실험결과는 의심스럽다. 예측구간은 정확한 계산식이 있으나, 근사적으로 점추정값±(점추정값의 30%)를 사용하여 계산하여도 무방하다. 따라서 이 사례의 경우, 최적조건에서의 SN비의 예측구간은 $24.3 \pm (24.3 \times 0.3) \Rightarrow (17,\ 31.6)$이 된다.

이 사례의 경우 확인실험의 결과가 아래와 같이 주어졌다. 확인실험에서는 통상 최적조건에서만 실험을 행하지만 이 사례의 경우 현행조건에서도 실험을 행하였다. 확인실험에서 최적조건에서의 SN비값(25.05)이 앞에서 구한 예측구간(17, 31.6) 내에 떨어지므로 재현성이 확인되었다.

| 확인실험 조건 | $\bar{x}$(평균) | $S$(표준편차) | SN비 |
|---|---|---|---|
| 최적조건<br>$(A_1 C_2 D_1 E_2 F_2 G_2 H_1 L_1)$ | 0.05 | 0.025 | 25.05 |
| 현행조건<br>$(A_1 C_1 D_1 E_1 F_2 G_1 H_1 L_1)$ | 0.26 | 0.05 | 11.64 |

⑦ 기대손실의 비교

현행조건과 최적조건은 SN비의 관점에서 11.64db에서 25.05db로 개선되었다. 이를 기대손실에 의하여 금액의 관점에서 개선효과를 평가하여 보기로 한다. 이 사례의 경우 수축률이 1.50%를 넘으면 고객으로부터 클레임이 제기된다. 케이블을 교환하는데 필요한 보증 코스트는 1개당 80달러이라고 한다. 따라서 손실함수의 상수값은 다음과 같이 계산된다.

$$k = [80 \,/\, (1.5)^2] = 35.56\ (\text{달러})$$

현행 조건에서의 기대손실과 최적 조건에서의 기대손실은 각각 다음과 같이 계산되며, 기대손실이 20배 정도 작아졌음을 알 수 있다.

$$\hat{L}_{\text{현행}} = k \times 10^{-\widehat{SN}_{\text{현행}}/10} = 35.56 \times 10^{-11.64/10} = 35.56 \times 0.06855 = 2.44\ (\text{달러}/\text{개})$$

$$\hat{L}_{\text{최적}} = k \times 10^{-\widehat{SN}_{\text{최적}}/10} = 35.56 \times 10^{-25.05/10} = 35.56 \times 0.00313 = 0.11\ (\text{달러}/\text{개})$$

## 연습문제

| 학 과 | 학 번 | 이 름 |
| --- | --- | --- |
| | | |

8.1-1 개념 설계의 종류별로 요약하여 설명하시오.

8.1-2 공학 기술의 발전 및 사회적 인식의 변화에 대한 패러다임의 원인을 찾는 다음 보기에서 한 가지를 선택하여 공학설계의 종류(i~v)를 답하시오.

**보 기**

- 미국 주도의 진공관식 전자 제품이 일본 주도의 트랜지스터 전자 제품으로 전환
- 볼펜의 출현으로 그 이전 널리 사용되던 만년필의 선호도 급감
- 휴대 전화의 등장에 따른 공중전화 수요 급감
- 인터넷 통신 문화의 발달에 따른 우편 문화 축소
- 디지털 카메라의 발달에 따른 감광 필름 수요 격감
- 자기 저장 도구의 혁신에 따른 비디오테이프 시장의 감소 및 CD/DVD 시장 증가

i) 설계 산출물은 어떤 특성이나 속성을 가졌는가?

ii) 설계 산출물은 어떤 용도로 쓰이기를 원하는가?

iii) 설계 산출물과 비슷한 특징을 갖는 제품이 이미 시장에 나와 있는가?

iv) 설계 산출물은 어떤 기능을 향상시켜야 하는가?

v) 왜 그것을 원하는가?

8.1-3 2000년대 이전과 이후로 나누어 설계 산출물(공학적 기술 혁신)이 패러다임을 변환시킨 사례를 5가지 이상 나열하시오.

8.2-1 실험계획법의 정의를 설명하시오.

# 제9장

# 공학윤리

기업들의 과다 경쟁에 따른 도덕적 해이와 신기술 개발에 대한 압박 등으로 비윤리적인 사건들이 많이 발생하고 있다. 이전에는 기업들의 부도덕한 경쟁에 따른 부실시공과 관리 소홀로 인해 대형 사고가 많이 발생하였다. 그러나 최근 들어 연구 결과를 조작하거나 회사의 핵심 기술을 경쟁기업이나 다른 국가로 유출하는 등의 윤리 위반 사고들이 많이 일어나고 있다. 뛰어난 연구 성과나 돈을 버는 것보다 공학자의 양심을 지키는 것이 더욱 중요하기 때문에 이공계 종사자들에 대한 공학윤리 교육은 매우 절실하다고 할 수 있다.

## 9.1 공학윤리의 필요성

공학자들은 인간 생활의 편리함을 목적으로 새로운 공학기술들을 연구, 개발하지만 안정성, 환경 등 인간 사회에 미치는 영향 등도 종합적으로 고려하여야 한다. 공학자들은 첨단 공학 기술을 지속적으로 습득하는 것도 중요하지만 안전 규정이나 사회 규범을 반드시 지키는 철저한 윤리의식을 갖추어야 한다.

대부분의 공학자들은 공학문제를 해결하는 과정에서 도덕적 딜레마에 직면하게 된다. 예를 들어 회사의 이익을 추구하는 것과 소비자의 안정성을 추구하는 것은 서로 상충될 수 있기 때문에 어느 것을 우선적으로 고려하여야 할 것인가에 대한 도덕적 딜레마에 빠질 수 있다. 그러나 자신이 속한 집단이 비윤리적인 결정을 하는 경우 마음은 불편하지만 집단의 결정을 위반하기가 쉽지 않다. 그동안 공학문제해결에서 공학윤리의 우선순위가 상대적으로 낮았기 때문에 도덕적 불감증에 빠져 있는 공학자들이 많다. 공학윤리 교육의 목표는 도덕적 딜레마에 빠질 수 있는 공학문제해결 과정에서 합리적으로 생각하는 능력을 증진시켜주고 도덕적 쟁점들을 비판적으로 반성하는 능력을 개선시키는 것이다.

선진국의 많은 기업들이 경영 여건의 악화로 개발도상국이나 후진국에 진출하고 있다. 우리나라의 많은 기업들도 인건비 부담을 줄이기 위해 중국이나 동남아 국가로 많이 진출하고 있다. 이러한 다국적 기업들은 자연히 비용이 적게 드는 방식으로 그 국가에서 통용되는 허술한 안전 규정을 따르기 때문에 공학윤리 문제가 발생하게 된다. 사회의 관습과 문화가 다를 때 상대적 책임과 가치를 어떻게 평가해야 하는가는 매우 중요하지만 인권의 원리들을 적용하거나 사업하는 나라의 규칙을 준수하는 것은 매우 중요하다.

공학윤리란 일종의 예방윤리이다. 즉, 내버려두면 자칫 윤리적 위기로 까지 발전할 수 있을 윤리 문제들을 미리 예상해봄으로써 위기가 발생하지 않도록 미리 대처할 수 있다. 한국공학교육 인증원(ABEEK)에서 제시하는 예방윤리의 두 가지 차원은 다음과 같다.

- 엔지니어들은 전문 직업인으로서 중요한 윤리적 차원을 지닐 수 있는 결과를 미리 예측할 수 있어야 한다.
- 엔지니어들은 결과에 대해 효과적으로 판단할 수 있어야 하며 윤리적으로 무엇이 타당한지 결정할 수 있어야 한다.

## 9.2 사고사례

공학윤리 문제를 소홀히 하여 발생한 사고들에 대해 살펴본다. 사고는 크게 두 가지 형태로 구분할 수 있다. 하나는 설계자와 관리자의 윤리의식의 부족으로 인해 발생한 대형사고로 건물이나 교량이 붕괴한 사고들이 포함된다. 다른 하나는 개인적인 윤리의식의 부족으로 인해 발생한 사고로 연구윤리와 기술유출 사고 등이 포함된다.

### 9.2.1 대형사고

국내에서 발생한 삼풍백화점 건물 붕괴사고와 성수대교 교량 붕괴사고 등은 무리한 설계변경과 관리소홀 등에 의해 발생한 대형사고이다. 또한 몇 차례에 걸쳐 발생한 미국 우주왕복선의 폭발사고는 인명 피해는 적으나 우주선의 폭발로 막대한 피해 발생과 함께 커다란 사회적 충격을 초래하였다. 다음은 국내외에서 발생한 대형사고인데 이러한 사고들의 발생 원인을 보면 설계자나 관리자의 윤리의식 부족에 의한 것이 많다.

#### 1) 성수대교 교량 붕괴 사건(1994년 10월 21일)

성수대교의 북단 5번째와 6번째 교각 사이 상부 트러스 48m가 붕괴되어 차량 6대가 한강으로 추락하였고 학생들을 포함한 32명이 숨지고 17명이 부상을 입었다. 이 사고의 원인은 트러스 구조물의 철 구조물 제작과 용접 과정에서의 원천적인 부실시공, 준공 이후

설계하중을 초과하는 과부하의 지속과 취약한 접합부위의 방치 등 관리 잘못이 복합적으로 작용하여 일어났다.

### 2) 삼풍백화점 건물 붕괴 사고(1995년 6월 29일)

서울특별시 서초동에 있던 삼풍백화점이 무리한 설계 변경으로 붕괴된 사건으로 사망자 502명, 부상자 937명, 실종 6명, 피해액은 약 2700여억 원이 발생하였다. 삼풍백화점 건물은 무량판 구조로 하중을 고려하여 정확한 계산이 필요한 구조물이지만 수익을 위하여 설계가 변경되었다. 원래 건물의 용도는 근린상가였으나 백화점으로 용도를 변경한 뒤에 원래 4층이었던 설계를 5층으로 재설계할 것을 원 설계업체에 요구하였으나 붕괴를 우려한 원 설계업체가 건설을 포기하고 계열사에서 시공하였다. 사고 전 붕괴의 조짐이 있었고 하루 전 대책 회의가 있었으나 주말 영업을 위하여 방치하여 많은 인명 피해가 발생하였다.

### 3) 대구 지하철 화재사고(2003년 2월 18일)

대구 지하철 1호선 중앙로역에서 방화로 일어난 화재가 발생하여 2개 편성 12량(6량×2 편성)의 전동차가 모두 불탔으며 192명이 사망하고 148명이 부상하였다. 중앙로역에 정차 중일 때 방화로 화재가 발생하여 불이 순식간에 퍼졌다. 대부분의 승객들은 열려 있던 출입문을 통해 대피하였고 기관사도 화재를 감지하고 대피하였다. 그러나 기관사는 사령에 화재 사실을 보고하지 않았고 아무런 보고도 받지 않은 사령에서는 화재 경보가 울리고 있는데도 오작동으로 치부하여 무시해 버렸고 운행 중지 조치 등을 취하지 않았다. 그 사이에 반대편의 열차가 중앙로역에 도착하여 정차하였고 불은 정차한 열차에도 옮겨 붙어 피해 규모가 더욱 커졌다.

### 4) 우주왕복선 챌린저호 폭발사고(1986년 1월 28일)

미 우주 왕복선 챌린저호가 발사 73초 만에 공중에서 폭발하여 탑승자 7명이 전원 사망하였다. 이 사고는 기계적 결함이 나타날 수 있는 낮은 온도에서 무리하게 발사를 강행하여 연료 탱크 이음새 부분인 오링(O-ring)에 결함이 생겨 발생하였다. 챌린저 호 발사 9일전에 오링의 기능이 발사 날짜의 예상 기온에서는 제대로 동작하지 않을 수 있다는 것을 인지하고 엔지니어들은 일제히 발사에 반대하며 발사 하루 전날에도 발사 연기를 권고했지만 발사는 진행되어 대형 사고가 발생하였다.

### 5) 체르노빌 원자로 폭발사고(1986년 4월 25일)

러시아의 체르노빌 원자력 발전소에서 가동중지 터빈을 시험하던 근무자가 안전수칙을 지키지 않아 원자로가 폭발하고 10일간 방사능 물질이 유출되었다. 유출된 방사능 물질은 암과 백혈병, 사산 및 기형아 발생을 유발하는 물질로 폴란드 국경을 거쳐 핀란드 남부, 노르웨이, 스웨덴에서도 검출되었다. 사고지역 내의 많은 건물을 비롯해 자연 생태계가 심하게 오염되어 발전소로부터 30킬로미터 이내에 거주하던 약 13만 5,000여명이 이주하였다. 이 사건의 초기 사망자는 31명에 불과했지만 방사능 감염으로 인해 사고 발생 4년 후에는 사망자가 300명 정도로 늘어났다. 그리고 갑상선 질환, 암, 백혈병 등의 발생률이 50퍼센트 이상 증가하였고 유산, 사산, 유전적 기형아 발생률도 크게 증가하였다.

### 6) 콜럼비아호 폭발사고(2003년 2월 1일)

미국 우주왕복선 콜럼비아호가 16일간의 우주 탐사활동을 마치고 지구로 귀환하던 도중 미 텍사스 주 상공에서 공중 폭발하여 승무원 7명이 모두 숨지는 충격적인 사고가 발생하였다. 최초의 사고 조짐은 사고가 일어나기 훨씬 이전부터 나타났다. 이륙하는 과정에서 단단한 단열재 조각 하나가 콜럼비아호의 거대한 외부 연료탱크에서 떨어져 나와 콜럼비아호의 왼쪽 날개의 앞부분 끝에 충돌하였다. 그러나 NASA의 우주선 관리 운영자들은 단열재의 타격에 관한 엔지니어들의 우려를 묵살하였고 궤도 내에서 일어날지도 모를 손상 가능성에 대한 조사 요청도 거부하였다. 또한 NASA의 촉박한 스케줄과 자금 부족으로 무리하게 계획을 서두른 것이 대형 사고를 불러 일으켰다.

## 9.2.2 연구윤리와 기술유출 사고

2006년에 국내를 떠들썩하게 했던 생명공학 분야의 윤리 문제는 국민들에게 큰 실망을 안겨다주었다. 그 때까지 가졌던 생명공학 분야의 선두 국가라는 국민적 자부심은 연구결과 조작이라는 윤리적인 문제로 인해 전 세계적인 망신을 당하게 되었고 생명공학 연구자들은 한 순간에 국민의 불신을 받게 되었다. 이러한 생명공학 윤리 문제는 계속해서 세계 최고의 연구 성과를 내야 한다는 압박에서 초래되었기 때문에 공학자들에게 연구 업적보다 연구윤리가 더 중요하다는 것을 공감하게 하는 사고라고 할 수 있다. 자기 연구 결과를 중복으로 게재한다든가 다른 사람의 연구 결과를 동의 없이 무단으로 사용하는 것도 연구윤리에 위배된다고 할 수 있다. 〈표 9-1〉은 독일에서 연구윤리 규정을 제정하는 동기가 되었던 헤르만-브라흐 사건을 나타낸다.

2004년부터 급증하기 시작한 국내 첨단기술의 해외유출 시도가 끊이지 않고 있다. 이러한 첨단기술 유출 사건은 일반 기업에 이어 국가 출연연구소까지 확산되고 있어 문제의 심각성을 더하고 있다. 특히 우리나라는 생산 현장에 즉시 적용 가능한 상용기술과 노하우를 다수 보유하고 있어 외국 기업들의 중점 타깃이 되고 있다. 국가정보원 산업기밀보호센터에 따르면 첨단기술 유출 사건은 2003년 6건에서 2004년 26건, 2005년 29건으로 지속적으로 증가하고 있다고 한다. 과거에는 개인 주도의 유출 양상을 보였던 것이 최근에는 외국 정부와 연계되거나 기업형 사건으로 대형화되는 추세이다. 피해 예상 규모도 98년에서 2002년까지 12조원에 불과하던 것이 2003년 이후 82조원으로 6배 이상 급증하였다.

기술유출 분야별로는 우리나라의 주력 수출 품목인 휴대폰, LCD, PDP 등 IT 기술에 대한 유출 기도가 61건 중 73%인 45건을 차지하고 있다.

**〈표 9-1〉 헤르만-브라흐 사건**

| 2차 대전 이후 독일(아니, 유럽) 과학계에서 일어난 최대 규모의 기만행위 사건으로 프리드헬름 헤르만과 마리온 브라흐라는 두 명의 분자 생물학자에 의해 기만행위가 저질러졌다. 1997년 초에 같은 연구팀 일원이었던 젊은 박사후 연구원의 내부고발로 조사가 시작되어 두 사람이 발표한 37편의 논문들에서 데이터가 변조된 것이 확실하거나 그랬을 가능성이 매우 높다는 결론이 내려졌다. 이 사건은 기만행위 문제에 대해 낙관하고 있던 독일 과학계를 경악시켰고 독일에서 기만행위와 연구윤리 문제를 다루는 제도적 장치가 정비되는 계기를 제공하였다. |
|---|

신분별로는 전현직 직원이 95%(58건)를 차지하고 있고 연구원들이 자신이 연구한 기술을 자신의 소유라며 별다른 죄의식 없이 기술을 유출하고 있는 실정이다. 기술유출 기도국은 우리나라와 산업구조가 유사하고 주력 수출 품목이 중복되는 중국 39%, 미국 21%, 대만 18%, 일본 10% 등 인근 국가들이 다수를 차지하고 있어 대책마련이 시급하다.

국정원에서 밝힌 첨단기술 유출 동기로는 사리사욕(44%), 기술도용 창업(18%), 보상불만(18%), 인사불만(10%), 개인비리 적발(7%), 신분불안(3%)으로 나타났다. 개인주의 팽배와 물질만능주의의 확산, 구조조정 상시화로 연구원의 신분 불안, 처우 불만 등이 영향이 크고 외국 기업 등이 기술유출의 대가로 승진 연봉 인상, 합작기업 경영권 보장 등의 조건을 제시하면 쉽게 유혹에 굴복하는 것으로 나타났다. 또한 해외뿐만이 아닌 국내 기업 간에도 기술유출 문제는 매우 심각하다. 최근에 바닷물을 식수나 농업용수 등으로 바꾸는 두산중공업의 담수화 핵심기술을 경쟁업체로 빼돌려 경쟁업체로 옮긴 고위 임원 2명이 구속되었는데 두산 측은 기술유출로 인한 피해액이 1조 원 이상으로 추산하였다.

기술유출의 심각성을 파악한 정부에서 첨단기술 유출방지법을 만들어 퇴직 후 3년 동안 경쟁업체에 취업을 금지시켜 첨단기술 유출을 막으려고 하고 있다. 그러나 연구개발 인력의 낮은 보수와 열악한 처우에 대한 개선 없이 감시와 격리라는 족쇄를 채우는 것도 부당하다고 할 수 있다. 기술유출 사고는 공공의 이익과 이에 따른 파급효과가 매우 크기 때문에 공학자들은 어떤 이유에서도 이런 유혹에 빠지지 않도록 하여야 한다.

## 9.3 윤리강령

공학자가 직면하는 모든 윤리적 상황을 윤리강령에 담을 수 없기 때문에 윤리강령은 전문가의 윤리적 판단을 위한 골격을 제공한다. 윤리강령은 기업이나 단체에서 윤리성을 확보하기 위해 소속된 회원들의 의견을 수렴하여 제정된다. 윤리강령은 강제 규정이 아니고 자발적 규정이므로 윤리강령을 지키지 않아도 사법적 처벌은 받지 않지만 〈표 9-2〉와 같은 측면에서 긍정적인 효과가 있다고 할 수 있다(공학문제해결입문, 시스마프레스 2006 인용).

〈표 9-2〉 윤리강령의 효과

| |
|---|
| ① 준수할 의지가 생긴다. 즉, 같은 직종의 다른 사람이 이 규정을 준수한다고 생각되어 본인도 이 규정을 준수하려고 노력한다.<br>② 자기존중이다. 본인이 이 규정을 지킴으로써 자기 자신이 책임감과 윤리의식이 있는 공학자라는 자부심을 느끼게 한다.<br>③ 자기방어에 도움이 된다. 즉, 외부로부터 부당한 압력이 있을 때 이 규정을 제시하여 부당한 압력을 피할 수 있다.<br>④ 자기 통제이다. 즉, 본인이 이 규정을 어겼을 때 사회에 큰 피해를 줄 수 있다는 사실을 알게 되어 가능한 이 규정을 지키려고 노력한다. |

### 9.3.1 과학기술인 윤리강령

한국과학기술단체 총연합회는 2004년 11월 '과학기술인 헌장'을 제정하여 과학기술인이 준수하여야 할 사회적 책임과 윤리의식을 강조하였다. 2005년 생명과학 연구과정에서 발생한 일련의 비윤리적 사건은 과학기술계 뿐만 아니라 국민 모두에게 실망과 좌절감을 안겨주었다. 이에 과학기술계가 공통으로 적용할 수 있는 보편적 윤리규범이 필요하다는데 인식을 같이 하고 한국과학기술단체 총연합회, 한국과학기술한림원, 한국공학한림원, 유네스코 한국위원회 등이 윤리강령 특별 심의위원회를 구성하여 검토와 토의를 거쳐 공동으로 '과학기술인 윤리강령'을 제정하였다.

### 9.3.2 소프트웨어 윤리강령

2005년 12월 한국인터넷진흥원 정보화 실태조사 자료에 따르면 인터넷을 이용하는 이용자는 3,300만 명으로 이메일, 채팅, 자료조사, 여가활동, 쇼핑, 금융거래 등의 목적으로 인터넷을 이용한다고 한다. 인터넷은 현대 생활에 있어 상당히 편리한 도구이지만 개인정보 유출, 소프트웨어 복제, 해킹, 악성 댓글 등으로 인해 사이버 공간에서의 윤리문제가 심각하게 부각되고 있다.

〈표 9-3〉 **과학기술인 윤리강령**

과학기술은 인류가 공유하여야 할 소중한 자산으로 인류 문명의 발전과 복지향상에 기여하여 왔다. 과학기술인은 과학기술을 발전시키는 전문직 종사자로서의 특권을 가질 뿐 아니라 그 책임 또한 크다. 따라서 과학기술인은 연구 및 지적활동을 수행하는 과정에서 진실성과 정직성을 전제로 하여야 한다. 그러나 치열해가는 경쟁 풍토, 과학기술연구의 산업과의 연계로 인한 이해상충의 증가, 사회나 정치권의 불합리한 학문연구 개입 등 과학기술 환경의 변화는 진실성과 정직성을 지켜야 할 과학기술인들로 하여금 그 품위를 유지하는 데 과중한 시련을 안겨주고 있다. 이러한 시대적 변화 속에서도 과학기술인은 진실하고 보편적인 행동규범을 준수할 책임과 의무가 있다.
이에 따라 과학기술계는 다음과 같이 과학기술인이 지켜야 할 보편적 윤리강령을 제정하여, 과학기술인이 자율적으로 이를 성실히 준수함으로써 윤리의식을 제고하고, 사회적 책임을 다 하며, 스스로의 위상과 긍지를 높이고, 과학기술 발전에 기여하고자 한다.

① 과학기술인의 사회적 책임
② 과학기술인의 기본 연구윤리
③ 보편성의 원칙
④ 전문직 종사자로서의 품위유지
⑤ 법령의 준수
⑥ 연구대상의 존중
⑦ 연구 자료의 기록보존
⑧ 저자표시와 지식재산권
⑨ 사회에 대한 권리와 의무
⑪ 이해상충(conflicts of interest)에 대한 대처
⑪ 연구환경 조성
⑫ 윤리 교육의 실시

2005년 1월에서 10월까지의 불법 소프트웨어 복제 건수는 1,119건으로 저작권 피해액은 약 250억 원 이상이라고 한다. 정품을 구입하기 어려운 개인이나 작은 규모의 기업에서는 소프트웨어 불법 복제가 불가피하다는 의식이 만연되어 있어 단기간에 의식의 개선이 이루어질 것 같지 않다. 그래서 단속 위주보다는 학교와 사회 교육을 통한 지적재산권 보호에 대한 인식이 먼저 확립되는 것이 필요하다. 〈표 9-4〉는 소프트웨어 윤리강령의 한 예를 나타낸다.

〈표 9-4〉 소프트웨어 윤리강령의 예

| |
|---|
| 지적재산권관 관련이 있는 저작권이 있는 소프트웨어의 불법적인(허락되지 않는) 복사는 법률을 위반하는 것일 뿐만 아니라 우리 회사의 행동기준에 위배되는 것입니다. 우리는 이 불법 무단복제를 묵인할 수 없으며, 불미스러운 일이 일어나지 않도록 하기 위해 다음과 같은 원칙을 지켜나갈 것입니다.<br><br>① 우리는 어떠한 경우에도 불법 복제된 소프트웨어를 사용하지 않을 뿐만 아니라 이의 사용을 용인하지 않겠습니다.<br>② 우리는 우리가 가지고 있는 모든 컴퓨터에 요구되는 수요에 합당한 그리고 적기에 요구되는 모든 소프트웨어에 대해 원본만을 합법적으로 취득하여 공급할 것입니다.<br>③ 우리는 우리가 취득하거나 사용하는 어떤 종류의 소프트웨어의 사용에 있어서도 모든 허가조건이나 구매조건을 준수해 나갈 것입니다.<br>④ 우리는 불법적인 소프트웨어 복사판의 제작이나 사용을 방지하기 위해 내부 관리를 강력하게 강화할 것입니다. 이 내부관리는 본 규정이 제대로 지켜지고 있는지를 확인하기 위한 것으로 본 규정을 위배하는 모든 행위에 대해 적절하고 효과적인 제재조치를 포함하고 있습니다. |

## 9.4 공학윤리에 대한 실습활동

공정한 경쟁과 건강한 사회를 위해 공학윤리를 준수하는 것은 매우 중요하다. 공학윤리에 대한 실습활동을 통해 공학윤리의 필요성을 충분히 학습한다.

① 공학윤리 문제로 발생한 사고를 조사하여 사고가 발생하게 된 구체적인 원인과 위반한 윤리사항에 대해 분석하고 보고서를 작성하라.

② 각 전공별 공학자들이 지켜야 할 도덕적인 책임들을 조사하여 전공별 윤리강령을 작성하라. 전공 관련 단체에서 만든 윤리강령이 있다면 참고하라.

③ 인터넷에서의 불건전정보 유통행위, 사이버 성폭력, 명예훼손 등 점점 증가하고 있는 사이버 범죄를 막아보자는 의미에서 2000년 6월 네티즌 윤리강령을 만들었지만 사이버 범죄가 개선되지 않고 있다. 네티즌 윤리강령을 지키는 네티즌들이 많아지기 위해서는 어떤 제도가 만들어져야 하는지 토의해보고 학생들이 준수할 수 있는 네티즌 윤리강령을 만들어 발표하라.

## 연습문제

| 학 과 | 학 번 | 이 름 |
|---|---|---|
| | | |

9.1-1 공학윤리의 필요성을 요약하여 설명하시오.

9.1-2 한국 공학인증원(ABEEK)의 예방 윤리 2가지를 설명하시오.

9.2-1 공학윤리 문제를 소홀히 하여 발생한 대형 사고에 대한 설계자와 관리자의 윤리 부족과 개인윤리 부족에 대한 분석을 하시오.

9.2-2 첨단 기술유출 동기를 나열하시오.

9.3-3 소속된 학과의 윤리강령을 적어보세요.

## 제10장

# 마인드스톰 NXT를 이용한 로봇 프로젝트 과제

10.1. 마인드스톰 NXT와 NXT-G 언어에 대한 소개

10.2. NXT-G 사용법

10.3. 라인 트레이서 로봇

10.4. 프로젝트 준비를 위한 팀별 중간 단계 과제

10.5. 레고 마인드스톰 NXT를 사용한 프로젝트 진행 방법

이 장은 레고 마인드스톰 NXT(Mindstorm NXT)를 사용하여 창의공학설계 프로젝트를 수행하는데 필요한 이론과 NXT-G 소프트웨어 사용법을 소개한다. 마인드스톰 NXT를 이용한 프로젝트 수행을 통해 다음과 같은 설계 능력을 배양할 수 있다.

- NXT-G 프로그래밍을 통해 여러 가지 알고리즘들을 공부할 수 있다.
- 알고리즘을 설계함으로써 창의력과 문제해결능력이 향상된다.
- 프로젝트 관리 기술과 팀워크 기술 등 팀 단위의 프로젝트 설계기법을 배울 수 있다.

## 10.1. 마인드스톰 NXT와 NXT-G 언어에 대한 소개

2006년 레고 사는 마인드스톰의 새로운 모델인 NXT를 발표하고, 관련 프로그래밍 언어 NXT-G를 출시하였다. [그림 10-1]과 [그림 10-2]는 각각 인텔리전트 블릭의 외형과 내부 구조를 나타내고 있다. 인텔리전트 블릭은 애플사의 아이팟을 모방하여 사용자가 조작을 쉽게 할 수 있도록 설계하였다.

NXT-G 프로그래밍 언어는 기존의 Robolab 언어를 대체하여 마인드스톰 NXT에게 지능을 부여하는 역할을 수행하며, NI(National Instruments Inc.)와 레고사가 함께 개발한 프로그래밍 언어이다. NXT-G 프로그래밍 언어는 아이콘을 기반으로 하는 언어이기 때문에 배우기가 쉽고, 이해하기 쉽다는 장점이 있다.

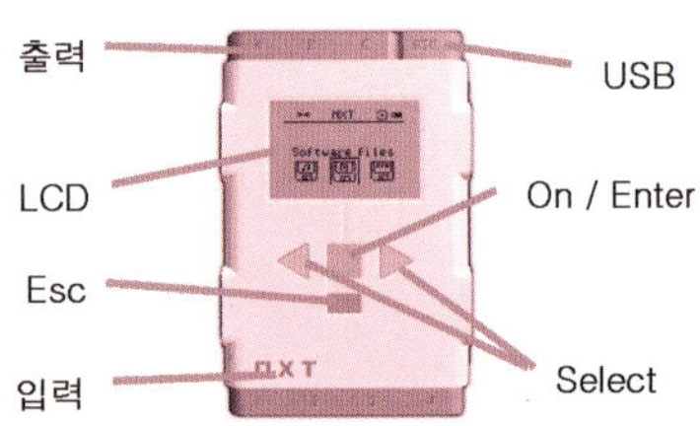


【그림 10-1】 NXT의 인텔리전트 블릭

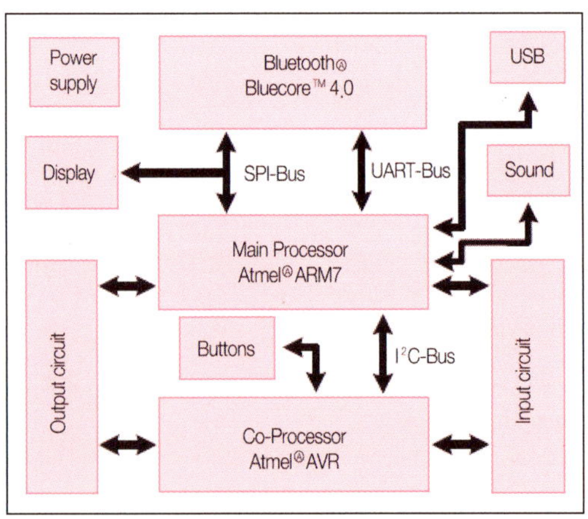


【그림 10-2】 NXT 인텔리전트 블릭의 내부 구조

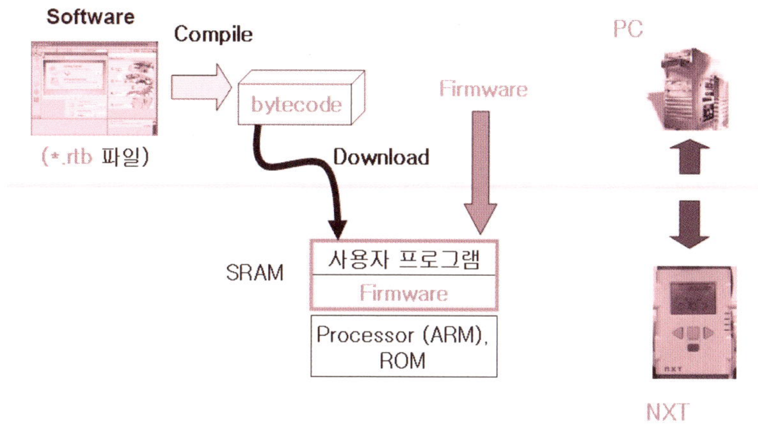


【그림 10-3】 NXT 프로그램의 실행 환경

하지만 NXT-G와 같은 그래픽 형태의 언어는 숙련된 고급 프로그래머가 일정 크기 이상의 복잡도를 갖는 알고리즘을 표현하기에는 상대적으로 어려워지는 경향이 있으므로 NXT-G를 통해 NXT를 어떻게 프로그래밍 해야 하는지 개념을 익히고 난 후에는 Java 또는 NXC 기반의 언어를 사용하여 프로그래밍 하는 것이 바람직하다. NXT 코드가 실행되는 환경을 [그림 10-3]에 나타내었다. NXT-G 프로그래밍 환경에서 작성된 프로그램은 컴파일 되어 바이트코드가 되며, NXT 장비의 펌웨어에 위치한 인터프리터가 바이트코드를 한 줄씩 해석하여, ARM 명령어를 수행하게 된다.

## 10.2. NXT-G 사용법

### 10.2.1 레고 마인드스톰 NXT 소프트웨어의 인터페이스 환경

[그림 10-4]에 나타낸 것과 같이 레고 마인드스톰 NXT 소프트웨어를 실행하면 메인 화면이 나타나게 된다. 프로그램을 작성하기 전 개발자의 프로필을 설정하게 되는데, 개발자 프로필은 개발하는 프로그램에 관련된 파일들을 하나의 공간에 모아두게 된다. NXT 소프트웨어의 메인 화면에는 선택된 개발자 프로필에 관련된 항목들만 나열된다. [그림 10-5]에 개발자 프로필의 위치를 나타내었다. 기본적으로 자동으로 생성되어 있는 기본 프로필이 존재하며, 본 교재에서는 기본 프로필로 사용할 것이다.

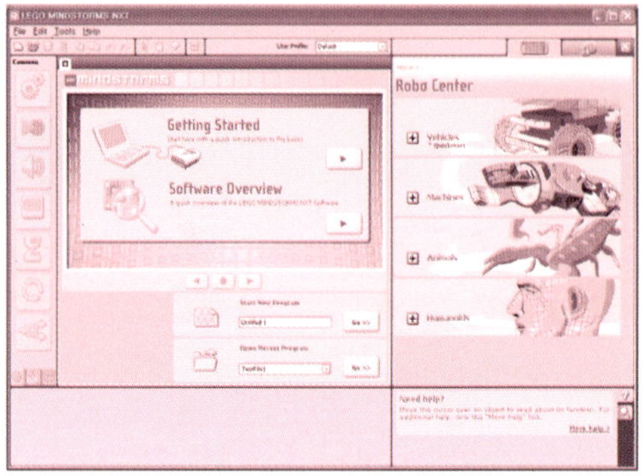


【그림 10-4】 NXT 소프트웨어의 메인화면

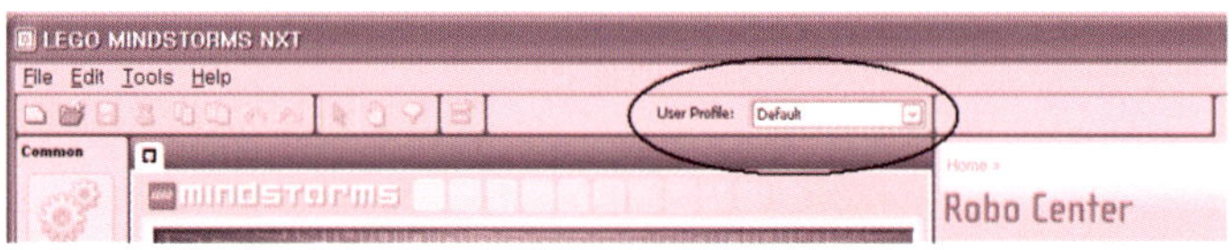


【그림 10-5】 개발자 프로필의 위치

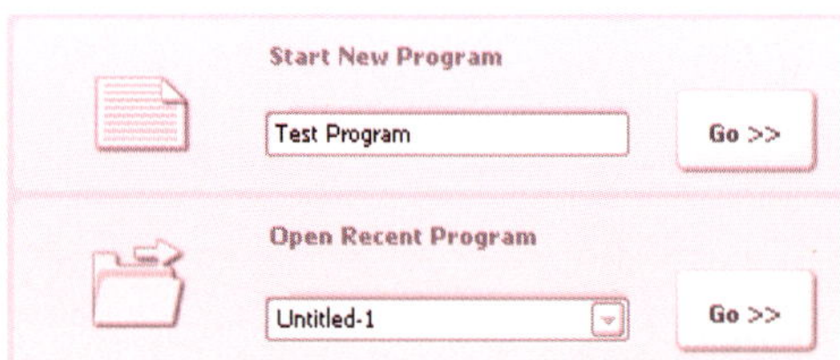


【그림 10-6】 프로그램 시작 대화상자

프로필 선택이 완료되면, 화면 아래의 대화상자를 이용하여 NXT-G 프로그램을 작성할 수 있다. [그림 10-6]에 새로운 프로그램 작성 또는 이전 프로그램을 열기위한 대화상자를 나타내었다. 텍스트 박스에 원하는 이름을 설정하고 진행(Go) 버튼을 눌러 대화상자를 종료한다.

대화상자를 종료하면 [그림 10-7]과 같은 NXT-G 인터페이스가 나타나게 되며 일반적인 프로그램 개발환경과 비슷한 구성을 가지고 있는 것을 볼 수 있다. 화면 중앙에 무한

격자로 표현된 작업 공간을 기준으로 왼쪽 상단에 놓여있는 메뉴 바와 툴바는 프로그래밍 언어를 다뤄본 사용자라면 익숙한 기능이다.

화면의 왼쪽에 위치하고 있는 프로그래밍 팔레트는 공통 팔레트, 완전 팔레트, 개발자 팔레트의 세 부분으로 구성되어 있으며, 아래의 탭을 클릭하여 각각의 팔레트를 선택할 수 있다. 개발자는 적절한 프로그래밍 블록을 팔레트에서 선택하여 블록의 아이콘을 격자무늬 작업 공간에 놓음으로써 프로그래밍 블록을 추가할 수 있다. [그림 10-8]에 세 가지의 프로그래밍 팔레트를 나타내었다.

인터페이스 화면의 왼쪽 아래에 놓여있는 구성 패널(configuration panel)은 현재 선택된 프로그래밍 블록의 기능을 나타내고 설정할 수 있게 해 준다. [그림 10-9]에 나타낸 구성 패널은 이동 블록을 위한 것으로 NXT를 제어하기 위한 여러 가지 옵션들을 설정할 수 있다. 프로그래밍 블록마다 구성 패널의 구조가 달라지며, 두 개 이상의 프로그래밍 블록을 선택하거나 또는 프로그래밍 블록을 선택하지 않은 경우에는 빈 공간이 된다.

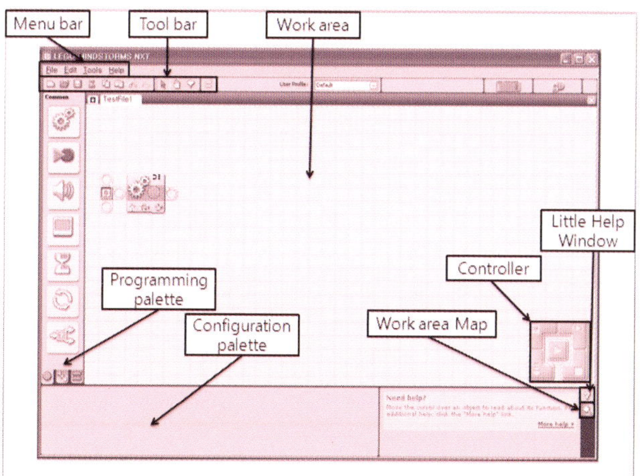


【그림 10-7】 NXT-G의 인터페이스와 주요 기능

【그림 10-8】 세 가지의 프로그래밍 팔레트

[그림 10-10]에 보이는 제어기는 작업 공간을 기준으로 오른쪽 아래에 위치하고 있다. 제어기는 개발자가 NXT에게 프로그램을 다운로드 하거나 명령을 내릴 수 있도록 해준다. 〈표 10-1〉에 제어기의 기능을 정리하였다.

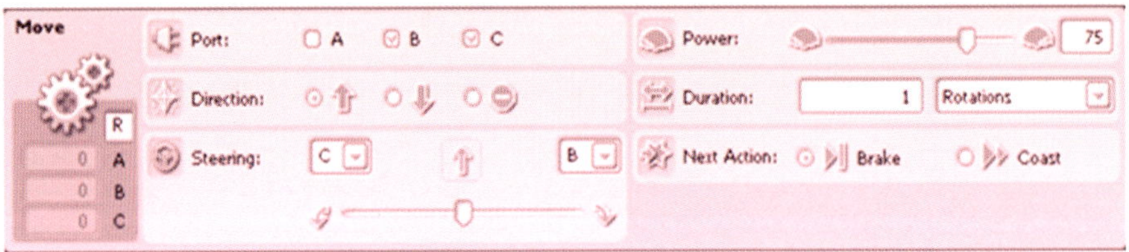


【그림 10-9】 이동 블록의 구성 패널

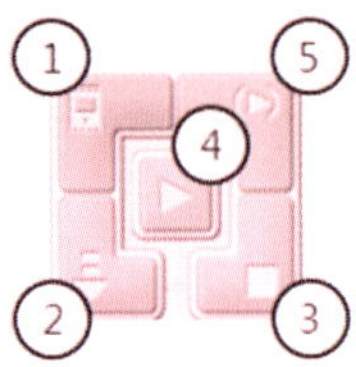


【그림 10-10】 NXT 소프트웨어의 제어기

〈표 10-1〉 제어기의 기능

| 버 튼 | 이 름 | 기 능 |
|---|---|---|
| 1 | NXT 윈도우 버튼 | NXT 통신과 메모리 관리를 위한 대화상자를 표시한다. |
| 2 | 다운로드 버튼 | 활성화된 프로그램을 NXT로 다운로드한다. |
| 3 | 정지 버튼 | NXT에서 실행되고 있는 프로그램을 정지시킨다. |
| 4 | 다운로드 및 실행 버튼 | 활성화된 프로그램을 NXT로 다운로드하고 즉시 실행한다. |
| 5 | 선택적인 다운로드 및 실행 버튼 | 현재 선택된 프로그래밍 블록들만 NXT로 다운로드하고 즉시 실행한다. |

### 10.2.2 프로그래밍 블록

프로그래밍 블록을 작업 공간의 왼쪽에 위치한 시작점에 붙이는 것으로 NXT-G 프로그램 작성이 시작된다. 시작(Start) 단어가 있으며 블록의 모서리 경계를 표시하고 있기 때문에 쉽게 알아볼 수 있다. 시작점을 기준으로 가장 처음에 있는 프로그래밍 블록이 처음 실행되고 다음으로 오른쪽에 붙어 있는 프로그래밍 블록이 두 번째로 실행된다. 블록을 추가 할 때마다 순차 빔은 자동으로 늘어나게 되며 프로그램을 위한 모든 프로그래밍 블록들은 순차 빔에 나타난 순서대로 수행된다. [그림 10-11]에 순차 빔에 블록이 추가되어 있는 화면을 나타내었다.

또한 하나의 프로그램에서 동시에 실행되어야 하는 블록은 병렬 순차 빔을 통해 구현할 수 있다. [그림 10-12]에 나타낸 것과 같이 만들어진 병렬 순차 빔들의 프로그래밍 블록들은 동시에 실행된다. 일반적으로 멀티쓰레딩 기술로 알려져 있는 기술이며 NXT가 좀 더 유연한 계산을 수행하도록 프로그래밍을 할 수 있다.

순차 빔에 놓여 진 프로그래밍 블록들을 관리하기 위해서는 우선 블록을 선택해야 한다. 도구바에 위치한 포인터 도구를 선택하면 블록을 선택할 수 있다. 활성화된 포인터 도구로 블록을 선택하면 [그림 10-13]과 같이 블록의 가장자리에 테두리가 표시된다.

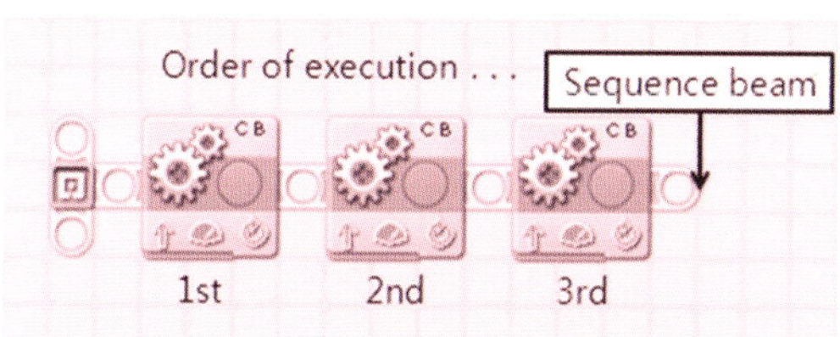


**【그림 10-11】 순차 빔에 추가된 프로그래밍 블록**

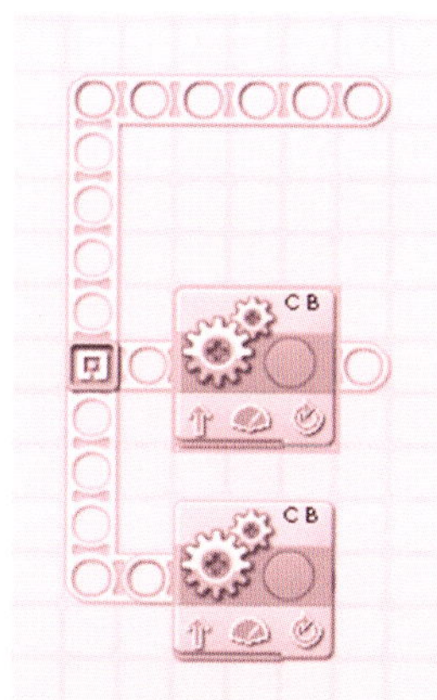


**【그림 10-12】 병렬 순차 빔이 생성된 모습**

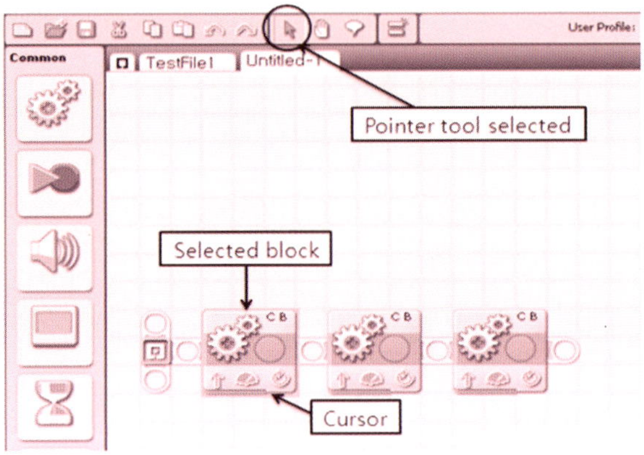


【그림 10-13】 포인터 도구의 사용

복수개의 프로그래밍 블록 선택은 시프트키를 누른 상태로 선택하기 원하는 블록들을 클릭하거나 선택하기 원하는 블록들 위로 마우스를 드래그 하면 된다. 개발자가 프로그래밍 블록을 하나 이상 선택하면 편집 메뉴의 기능들을 사용할 수 있다. 또한 프로그램을 작성하는 동안 작업 공간에 놓인 프로그래밍 블록들이 화면에서 벗어나는 경우 작업 공간의 창을 조절하여야 한다. 팬(Pan) 도구를 선택하여 창을 조절할 수 있으며 이 때 개발자의 커서는 손 모양으로 변하게 된다. [그림 10-14]에 팬 도구를 나타내었다.

프로그램에 주석을 추가하기 위해 주석 도구를 사용한다. 주석 도구는 도구 바에서 단어 풍선 아이콘을 선택하면 되며 작업 공간의 어디에나 위치할 수 있다.

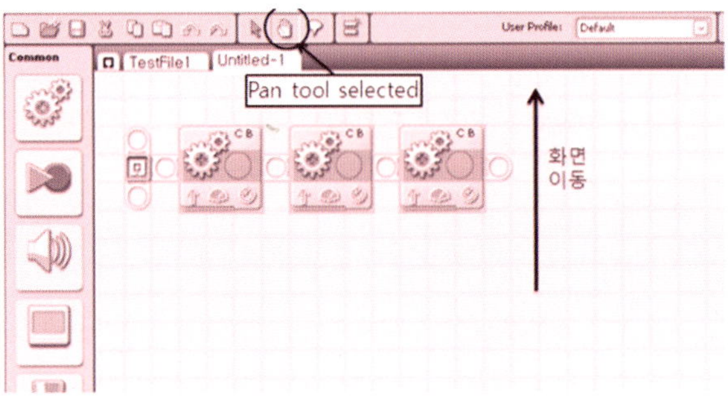


【그림 10-14】 팬 도구를 사용한 창 조절

〈표 10-2〉 NXT-G 프로그래밍을 위한 마우스와 키보드 단축키

| 동 작 | 단축키 |
|---|---|
| 새로운 프로그램 생성 | CTRL-N |
| 기존 프로그램 열기 | CTRL-O |
| 잘라내기 | CTRL-X |
| 복사하기 | CTRL-C |
| 붙여넣기 | CTRL-V |
| 되돌리기 | CTRL-Z |
| 다시실행 | SHIFT-CTRL-Z |
| 열린 프로그램들과 주 화면 사이의 전환 | CTRL-TAB |
| 임시 팬 도구 | CTRL-SHIFT 누르고 있는 상태 |
| 주석 추가하기 | 작업 공간 두 번 클릭 |
| 다중 블록 선택하기(한번에) | 시프트키를 누른 상태에서 블록을 클릭 |
| 선택된 블록 복사 | CTRL키를 누른 상태에서 선택된 블록 위에 커서를 놓고 드래그 |

〈표 10-2〉에는 NXT-G 프로그래밍에서 빈번하게 사용되는 마우스와 키보드의 단축키를 정리하여 나타내었다.

이제 본격적으로 프로그래밍 블록에 대해서 살펴보자. 가장 자주 사용되는 프로그래밍 블록들은 공통 팔레트라는 이름으로 구성된다. 이동, 기록 및 재생, 소리, 디스플레이, 대기, 반복, 스위치 블록 등으로 구성되며 공통 팔레트에 포함된 블록들만을 사용하여도 대부분의 기본적인 프로그램을 만들 수 있다.

### 1) 이동 블록

공통 팔레트의 처음에 위치하는 이동 블록은 서보 모터(servo motor)를 제어하는데 사용

한다. 이동 블록을 통해 서보 모터의 동작을 제어할 수 있는데 모터의 회전 방향이나 모터의 파워를 설정할 수 있다. 〈표 10-3〉에 이동 블록의 기능을 정리하였고 [그림 10-15]에 이동 블록의 구성 패널을 나타내었다.

이동 블록의 구성 패널에서는 6개의 파라미터를 설정 할 수 있다. 파라미터의 종류로는 포트, 파워, 방향, 지속기간, 조종, 다음 행동이 있다. 패널의 왼쪽에 위치한 출력 상자들은 모터의 움직임을 개발자가 측정할 수 있게 도와준다.

### 2) 기록 및 재생 블록

기록 및 재생 블록은 모터의 움직임을 기록하고 기록된 움직임을 다시 실행할 수 있게 해준다. A, B, C 세 개의 포트 중 어떤 포트에 연결된 모터를 기록할 것인지 선택할 수 있으며 기록하는 시간도 설정할 수 있다.

〈표 10-3〉 이동 블록이 갖는 기능

| 기 호 | 목 적 | 기본 설정 |
|---|---|---|
| 1 | 모터 회전 방향 | 전진 |
| 2 | 파워 단계 | 75% |
| 3 | 동작하는 동안 측정단위 | 회전수 |
| 4 | 선택된 출력포트 | C와 B 출력포트 |

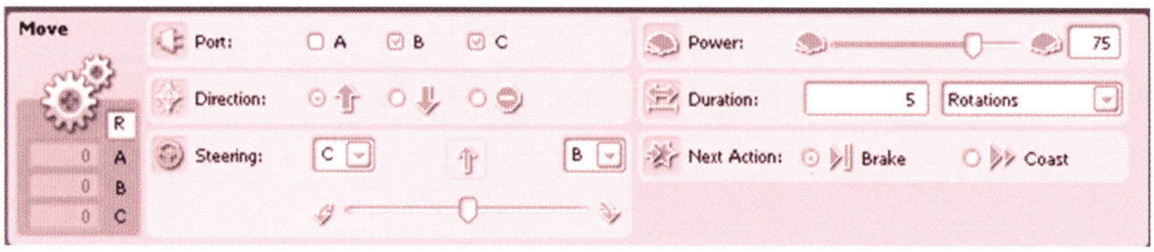


【그림 10-15】 기본 설정이 적용된 이동 블록의 구성 패널

〈표 10-4〉 소리 블록의 기능

| 기호 | 목적 | 기본 값 |
|---|---|---|
| 1 | 소리 블록이 재생할 소리의 형태가 파일인지 또는 음인지를 나타낸다. | 소리 파일 |
| 2 | 소리 블록의 시작 / 멈춤을 표시한다. | 시작 |
| 3 | 볼륨의 크기를 나타낸다. | 75% |

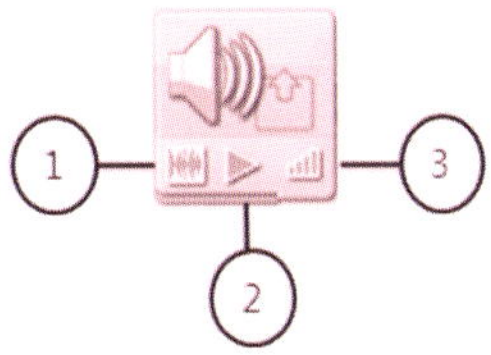


【그림 10-16】 소리 블록

### 3) 소리 블록

NXT의 스피커를 통해 소리 파일 또는 음(tone)을 재생할 수 있도록 해 준다. [그림 10-16]에 나타낸 소리 블록은 3개의 기호를 가지고 있으며 〈표 10-4〉에 각 기호의 역할을 설명하였다.

소리 블록은 소리 파일을 재생하기 위한 구성 패널과 음을 재생하기 위한 각각의 구성 패널을 제공하며, 음을 사용하여 음악을 연주하기 위해서는 여러 개의 소리 블록을 나란히 배치해야 한다.

### 4) 디스플레이 블록

NXT의 LCD에 이미지, 문자, 그림을 출력할 수 있게 해주는 디스플레이 블록은 4개의 구성 파라미터를 가지고 있다. 행동 파라미터에서 이미지, 문자, 그림 중 디스플레이 블록이 어떤 것을 출력할 것인지를 결정하고 위치 파라미터에서 NXT의 LCD에 표시될 위치를 지정하여 줄 수 있다.

### 5) 대기 블록

대기 블록은 프로그램의 흐름을 제어하는데 사용할 수 있으며 센서의 입력 또는 특정 조건이 만족하기 전까지 프로그램이 진행되지 못하도록 한다. NXT-G의 문서를 참조하면 9가지 구성에 대한 자세한 내용을 알 수 있다.

### 6) 반복 블록

반복 블록은 특정 조건에 따라 일련의 블록들을 반복 실행할 수 있게 해준다. 반복 블록 역시 프로그램의 흐름을 제어할 수 있는 블록들 중의 하나이며 반복 블록 내의 순차 빔에 놓여있는 모든 블록들은 주어진 조건을 벗어날 때까지 반복 실행된다. [그림 10-17]에 반복 블록을 나타내었으며 블록 사이의 순차 빔에 다른 블록을 추가하여 반복 구간을 생성한다.

### 7) 스위치 블록

프로그램의 흐름을 제어할 수 있는 블록들 중 마지막으로 소개할 블록은 스위치 블록이다. 스위치 블록은 특정한 조건을 기준으로 다음에 실행 될 블록의 경로를 변경할 수 있게 해 준다. [그림 10-18]에 터치 센서의 입력 값을 조건으로 갖는 스위치 블록의 모습을 나타내었다.

【그림 10-17】 반복 블록

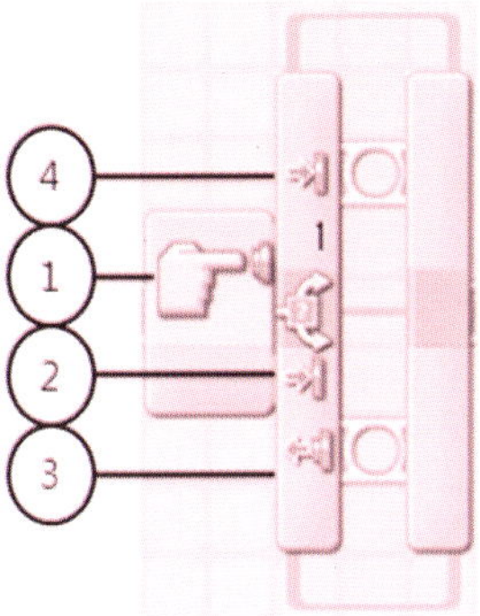


【그림 10-18】 스위치 블록

〈표 10-5〉 스위치 블록에 나타난 기호의 의미

| 기 호 | 목 적 | 기본 값(default) |
|---|---|---|
| 1 | 센서의 타입 | 터치 센서 |
| 2 | 주어진 조건 | 터치 센서 누름 |
| 3 | 아래 경로에 있는 블록들을 실행할 조건 | 터치 센서 떼기 |
| 4 | 위쪽 경로에 있는 블록들을 실행할 조건 | 터치 센서 누름 |

설정한 터치 센서의 입력 값에 따라 다음에 수행될 블록이 있는 순차 빔이 결정된다. 〈표 10-5〉에 스위치 블록에 나타난 기호를 설명하였다.

스위치 블록의 구성패널에서 제어 파라미터를 통해 특정 센서의 값을 검사하도록 할 수 있으며, 값 조건으로 숫자, 문자 및 논리의 형태를 가질 수 있다. 세 가지 형태 모두 데이터 와이어가 사용되어야 하며 센서의 조건을 설정하는 방법은 대기, 반복 블록과 동일하다.

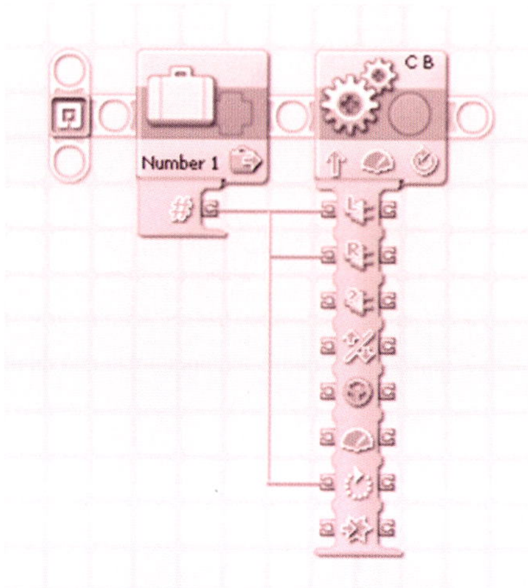


【그림 10-19】 데이터 허브와 데이터 와이어

### 8) 데이터 허브와 데이터 와이어

[그림 10-19]에 나타낸 블록들의 아래에 데이터 허브가 펼쳐져 있는 것을 볼 수 있다. 데이터 허브는 외부로부터 값을 받거나 외부로 값을 보낼 수 있다. 데이터 허브를 연결하는데 사용되는 데이터 와이어는 프로그래밍 블록들 간의 데이터 전송을 가능하게 해 준다. 데이터 허브는 프로그래밍 블록의 왼쪽 아래에 위치한 탭을 클릭하여 펼칠 수 있으며, 일부 프로그래밍 블록들은 작업 공간에 놓이게 되면 자동으로 펼쳐진다.

완전 팔레트에는 서른 개의 프로그래밍 블록이 포함되며 6개의 그룹으로 분류된다. 6개의 그룹은 각각 공통, 행동, 센서, 흐름, 데이터, 고급 블록들로 이루어져 있으며 이 때 공통 블록은 공통 팔레트의 블록과 동일하게 구성된다. 지금부터는 완전팔레트의 프로그래밍 블록들을 살펴보기로 한다.

### 9) 모터 블록

모터 블록은 공통 팔레트에 있는 이동 블록과 비슷하게 서보 모터를 제어하는데 사용한다. 이동 블록과의 차이점은 서보 모터를 더 정교하게 다룰 수 있다는 것이다.

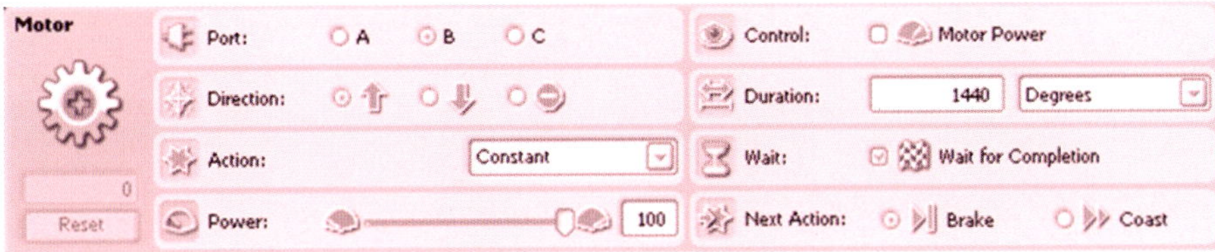


【그림 10-20】 모터 블록 구성 패널

[그림 10-20]에 모터 블록의 구성 패널을 나타내었다. 구성 패널에는 값을 설정할 때 활용 할 수 있는 피드백 상자와 8개의 설정 파라미터가 있다.

### 10) 메시지 전송 블록

메시지 전송 블록은 블루투스 통신을 사용하여 문자열이나 숫자 또는 논리 데이터를 다른 NXT로 전송한다. 메시지 전송 블록을 사용하여 NXT간 통신을 하기 위해서는 둘 중 하나의 NXT는 마스터가 되어야 하고 나머지 하나는 슬레이브로 설정하여 통신 채널을 열어 주어야 한다. 하나의 마스터 NXT는 세 개의 슬레브 NXT와 메시지 전송을 할 수 있다. [그림 10-21]과 [그림 10-22]에 마스터 NXT를 위한 프로그램과 슬레이브 NXT를 위한 프로그램 예제를 나타내었다. 프로그램 예제가 수행되면 NXT의 엔터 버튼이 눌려질 때 마스터 NXT에서는 'Goodbye'를 출력하고 슬레이브 NXT에서는 'Hello'를 출력한다.

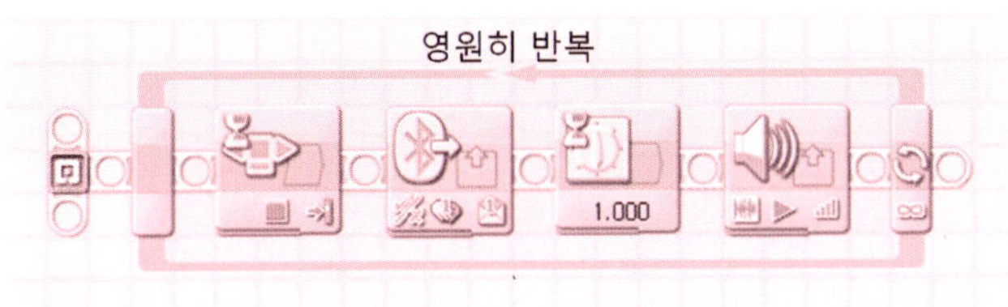


【그림 10-21】 마스터 NXT 프로그램 예

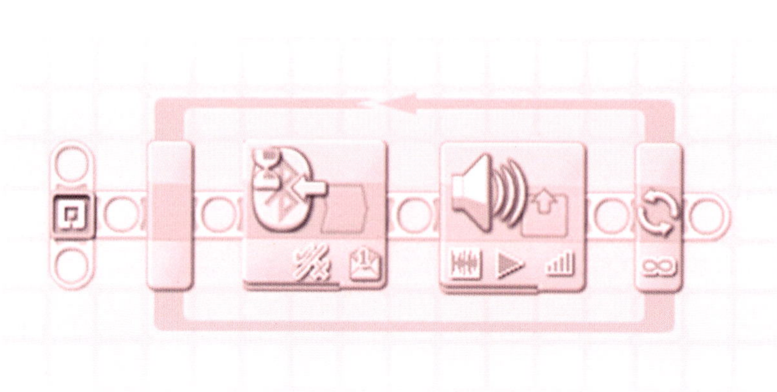

【그림 10-22】 슬레이브 NXT 프로그램 예

### 11) 센서 블록

센서 블록은 NXT에 연결된 센서 장비로부터 읽혀진 값을 데이터 와이어를 통하여 다른 프로그래밍 블록에 전달 할 수 있게 해준다. 앞에서 설명한 대기, 반복, 스위치 블록 역시 센서의 값을 읽을 수 있지만 센서 데이터에 직접 접근할 수 없다. 센서 블록의 데이터 허브를 열면 센서 블록을 동적으로 구성 가능하게 해주는 다양한 데이터 플러그들을 볼 수 있다. 8개의 센서 블록이 있으며 메시지 수신, 타이머, 회전 센서, NXT 버튼 센서, 초음파 센서, 빛 센서, 소리 센서, 터치 센서로 구성된다.

센서 블록들의 동작은 유사하기 때문에 소리 센서 블록만 예로 설명하겠다. [그림 10-23]에 나타낸 소리 센서 블록은 소리 센서로부터 읽은 값과 설정한 값을 비교할 수 있다. 〈표 10-6〉에 소리 센서 블록의 기호를 설명하였다. 데이터 허브는 기본적으로 소리 단계를 설정할 수 있는 플러그만 활성화 되어 있는데, 소리 단계 플러그는 센서가 읽은 값을 백분율로 환산하여 0~100 사이의 값을 출력한다. 나머지 데이터 플러그들을 사용하기 위해서는 데이터 허브 탭을 클릭한다.

〈표 10-6〉 소리 센서 블록의 기호

| 기호 | 목적 | 기본 |
|---|---|---|
| 1 | 선택된 입력 포트 | 2 |
| 2 | 기준점이 설정 되었을 때 소리의 단계 | 〉 50 |

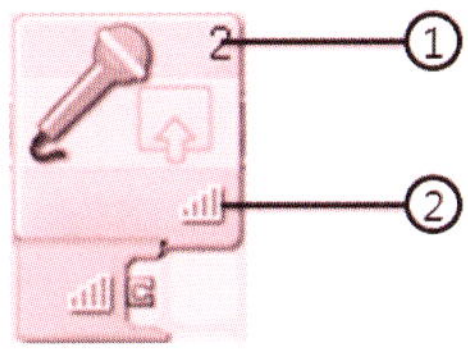


【그림 10-23】 소리 센서 블록

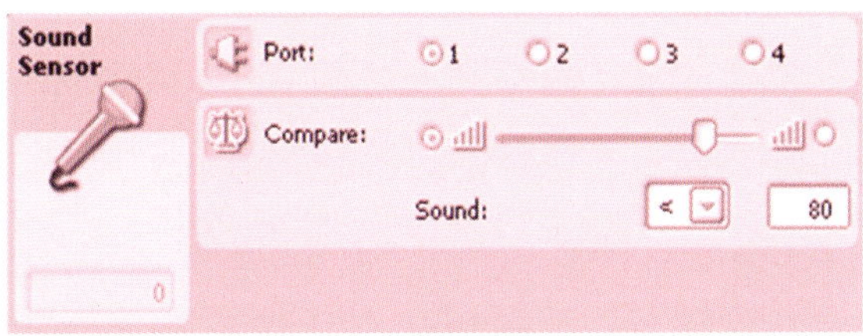


【그림 10-24】 소리 센서 블록의 구성 패널

[그림 10-24]에 소리 센서 블록의 구성 패널을 나타내었다. 포트와 비교 연산을 설정할 수 있는 파라미터와 피드백 상자가 존재한다.

### 12) 흐름 블록

프로그램의 흐름을 제어할 수 있게 해주는 블록은 이미 앞에서 몇 가지를 살펴보았다. 대기, 반복, 스위치, 멈춤 블록이 흐름 블록을 구성하고 있으며, 앞에서 언급되지 않은 멈춤 블록만 살펴보도록 하자. [그림 10-25]에 나타낸 멈춤 블록은 단순한 블록이다. 입력 값에 따라 멈춤 블록의 실행을 지시할 수 있는 데이터 플러그가 존재하며 별도의 구성 패널은 제공하지 않는다.

【그림 10-25】 멈춤 블록

### 13) 데이터 블록들

데이터 블록은 논리, 수학, 비교, 범위, 난수, 변수 블록으로 구성되며 데이터를 처리하는 용도로 사용한다. 논리 블록은 데이터 와이어로부터 들어오는 입력 값들의 논리 연산 결과를 논리 데이터 형태로 출력한다. 수학 블록은 숫자 형태의 데이터를 입력으로 받아 사칙 연산을 수행하며 비교 블록은 숫자 형태의 데이터에 비교 연산을 수행할 수 있다. 범위 블록은 임의의 값이 설정된 값의 범위에 속하는지 검사할 수 있는 블록이다. 난수 블록은 데이터 블록들 중에서 가장 간단한 블록이지만 유용하게 사용되는 블록이다. 난수의 최댓값과 최솟값을 설정할 수 있으며 0~100 사이의 범위를 지정할 수 있다. [그림 10-26]에 난수 블록의 활용한 예를 나타내었다.

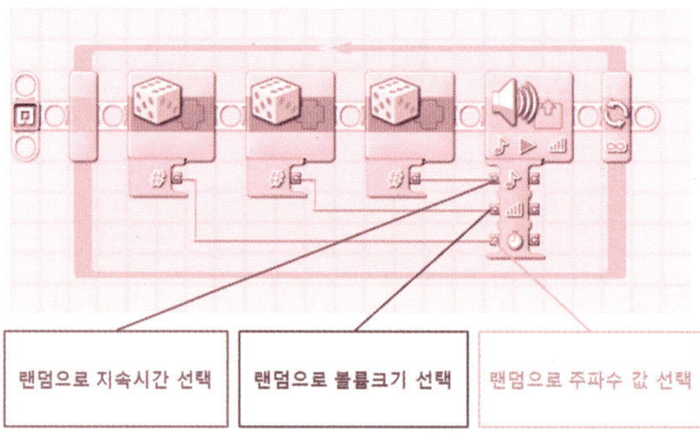


【그림 10-26】 난수 블록의 활용 예

변수 블록은 NXT 내의 메모리에 데이터를 쓰거나 읽어 올 수 있게 해주는 블록이다. 변수 블록으로부터 값을 읽을 것인지 쓸 것인지를 결정할 수 있으며 데이터 형식 또한 논리, 숫자, 문자열 등 원하는 형태로 저장할 수 있다.

#### 14) 고급 블록들

모터 초기화 블록, 보정 블록, 파일 접근 블록, 살려두기 블록, 숫자를 텍스트로 변환하기 블록, 문자열 블록으로 구성된 고급 블록들은 공통 팔레트나 완전 팔레트에 비해 상대적으로 고급화된 기능들을 수행한다. 문자열 블록은 별개의 문자들을 하나의 문자열로 만들어 준다. 최대 3개의 문자 조각들을 하나로 합칠 수 있다. 숫자를 텍스트로 변환하기 블록은 숫자 형태의 데이터를 텍스트 형태의 데이터로 변환 해준다. 텍스트 형태로 변환된 데이터는 NXT의 LCD에 출력할 수 있다. 살려두기 블록은 대기 모드 함수를 오버라이딩하여 NXT가 절전모드로 변경되는 것을 방지한다. 파일 접근 블록은 NXT 내의 저장 공간에 있는 텍스트 형태 데이터 파일이나 숫자 형태 데이터 파일을 읽거나 저장할 수 있다. 보정 블록은 빛 센서나 소리 센서를 보정하여 개발자가 원하는 범위의 값을 받아들일 수 있도록 할 수 있다. 모터 초기화 블록은 서보 모터에 있는 에러 보정 기능을 초기화 시킨다. 초기화 시킬 모터가 있는 포트를 선택할 수 있으며 이 기능은 이동 블록이나 모터 블록의 자동 에러 보정에 의한 오류를 방지하는데 사용한다.

## 10.3. 라인 트레이서 로봇

### 10.3.1 라인 트레이서의 기본 원리

라인 트레이서는 마이크로마우스의 일종으로 [그림 10-27]처럼 흰 배경의 검은 선을 따라 가거나 검은 배경의 흰 선을 따라 주행하는 로봇을 일컫는다. 기본적인 라이트레이서의 구조는 길을 찾기 위한 센서부와 이동을 위한 모터부, 그리고 센서의 값을 연산하여 이동을 결정하는 제어부로 구성된다.

【그림 10-27】 라인트레이서의 모습

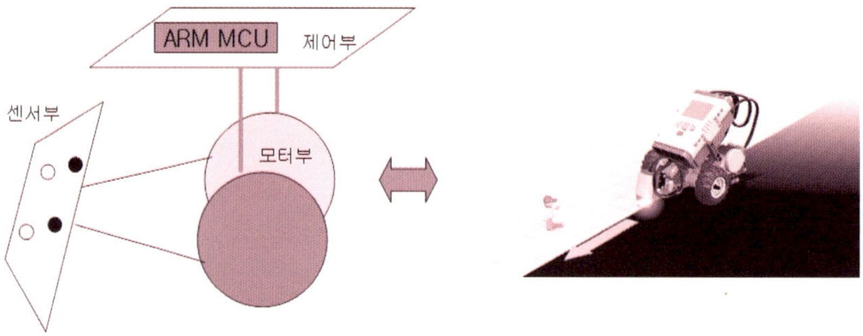


【그림 10-28】 마인드스톰 NXT로 구현하는 라인트레이서

일반적으로 마인드스톰 NXT 한 대가 가질 수 있는 빛 센서의 개수는 최대 2개로 제한되기 때문에 센서부는 1개 또는 2개의 빛 센서 블록을 사용하고, 모터 블록을 사용하여 NXT의 이동을 지시한다. 제어부는 NXT에 내장된 ARM 프로세서가 된다. [그림 10-28]에 마인드스톰 NXT로 구현한 라인트레이서의 구성도를 나타내었다.

## 10.3.2 간단한 라인 트레이서 프로그램

[그림 10-29]에 보이고 있는 라인 트레이서 프로그램은 하나의 빛센서를 활용한 라인트레이서 방식으로, 검은 선으로 만든 주행선에 따라 항상 동일한 방향을 바꾸어 가면서 잘

동작한다. 스위치 박스는 빛 센서의 정보에 따라 2개의 다른 경로로 프로그램이 진행하여, B와 C 포트에 연결된 모터를 다르게 제어한다. [그림 10-30]과 같이 빛 센서가 빛 센서 결과 값을 통해 현재 위치가 검은 선 위로 판단할 경우 좌회전을 하고, 선 바깥이라 판단할 경우 우회전을 하는 방식으로 라인을 따라가게 된다. 물론 개발자는 로봇이 항상 원을 그리듯 같은 방향으로만 회전한다는 것을 알 수 있으며, 이것은 개발자의 트랙이 S자 모양의 코스를 가지고 있을 때 큰 문제가 된다.

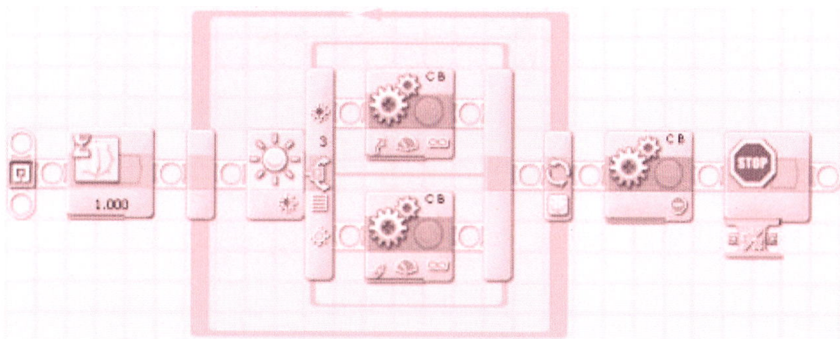

【그림 10-29】 간단한 라인 트레이서 프로그램

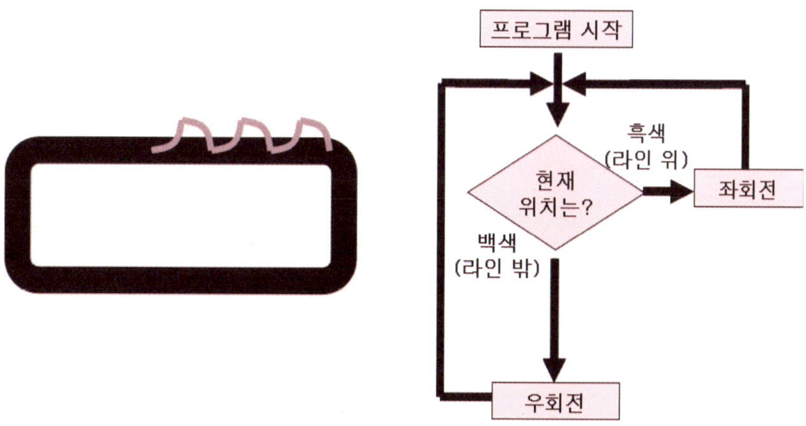


【그림 10-30】 1개의 빛 센서를 사용한 라인트레이서 동작 개념도

### 10.3.3 교차점을 넘어 주행하는 라인 트레이서 프로그램

[그림 10-31]과 같이 교차점을 갖는 주행선을 주행하는 라인 트레이서 로봇을 제어하는 프로그램의 경우 변수 블록을 이용한 교차 횟수 카운트 및 종료 판단 등의 기능 추가가 필요하다.

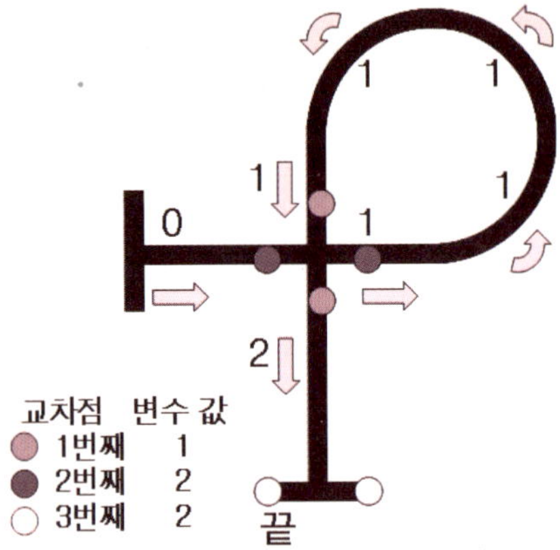


【그림 10-31】 교차점을 갖는 주행선

[그림 10-32]에는 다양한 라인트레이서 응용 주행선의 활용 예가 제시되어 있다. 곡선이 심한 지도는 좋은 트랙이 된다. 또한 우측 상단의 트랙과 같이 트랙 중간에 물리적인 '언덕' 장애물을 추가할 수도 있고, 하단의 트랙처럼 '나뉘는 길'을 만들어 두거나, 중간에 라인을 끊는 방법도 라인트레이서의 활용 예로 쓰일 수 있다.

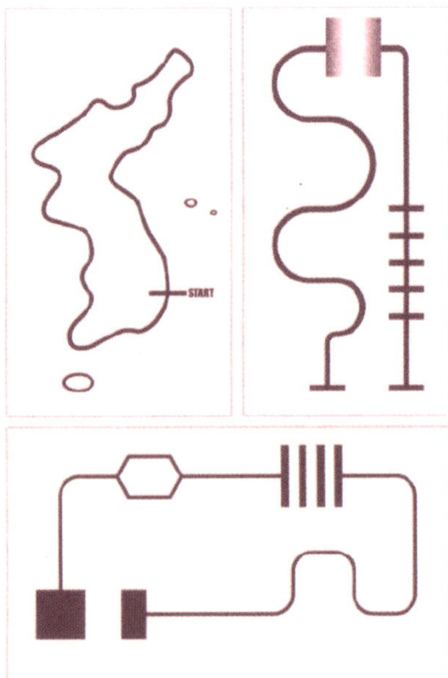


【그림 10-32】 다양한 주행 트랙 예

## 10.4. 프로젝트 준비를 위한 팀별 중간 단계 과제

최종 프로젝트 과제를 대비하기 위해, 팀별로 중간 수준의 과제를 통해 레고 마인드 스톰 NXT의 조립과 NXT-G 언어를 다룰 수 있는 능력을 키우도록 한다. 몇 가지 예비 단계의 과제를 소개하였다.

**[과제 1] 로봇이 전진하다 큰 소리(40 dB이상)를 듣게 되면 원래 위치의 1/2 위치로 후진한 후, 90도 만큼 우회전하고 다시 전진하는 로봇을 구현하라. 단, 터치센서에 장애물이 감지되면 멈추어야 한다.**

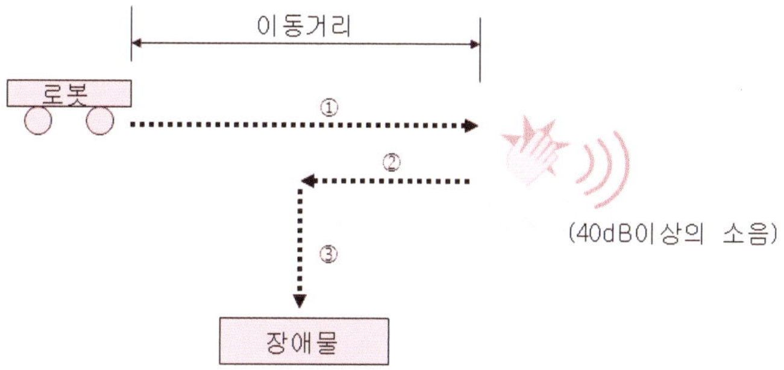


**[과제 2] 검은 선을 만날 때까지 전진하다가 검은 선을 만나면 처음 위치로 후진한 후 '송아지' 동요의 일부를 연주하는 로봇을 구현하여라.**

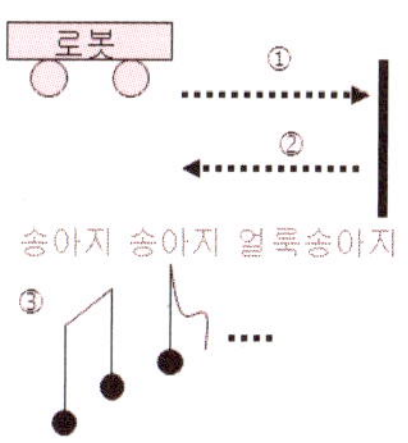

<송아지 악보>

**[과제 3]** 전진하다가 첫 번째 공을 만나면 장애물을 피하여 계속 전진하고, 두 번째 공을 만나면 멈추는 로봇을 구현하여라. 단, 첫 번째 공과 두 번째 공의 색깔은 다른 것을 사용한다.

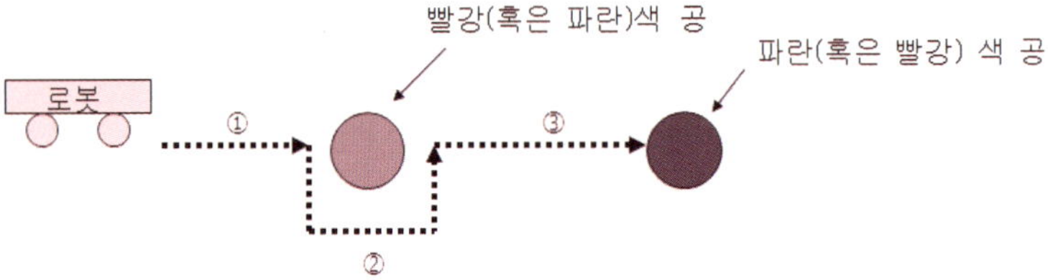


**[과제 4]** 로봇에 펜을 부착하여 임의의 크기의 삼각형을 그린 후 검은 선을 만날 때까지 전진하는 로봇을 구현하여라.

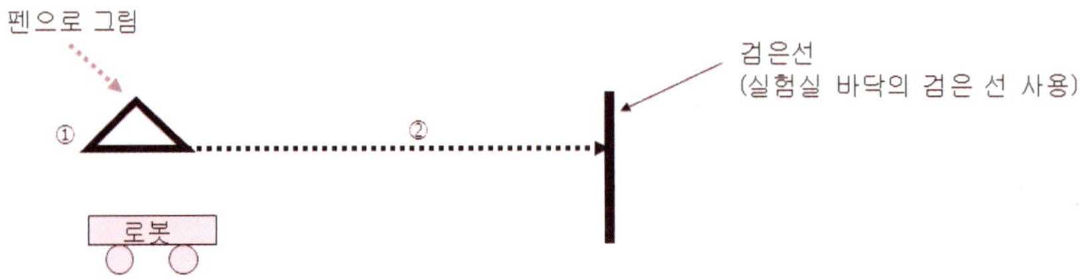


**[과제 5]** 로봇이 전진하다가 검은 선을 만나거나 20cm 이내의 장애물을 발견하면 원래 위치로 돌아와 4각형 모양으로 움직인 후 멈추는 로봇을 구현하여라.

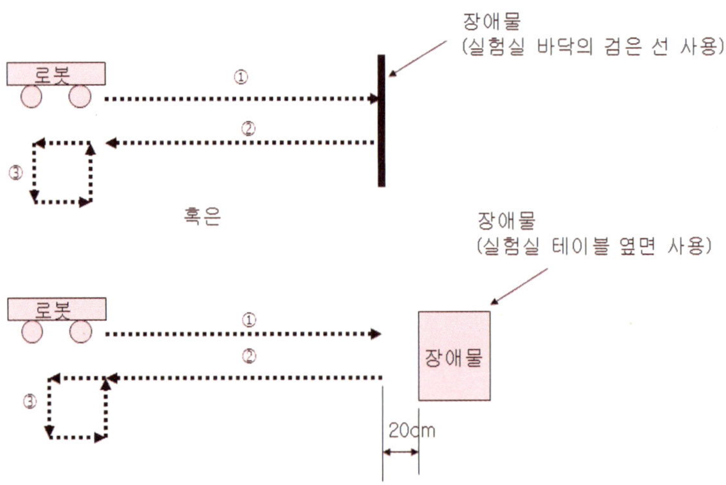

**[과제 6]** 로봇에 펜을 부착하여 정사각형을 그린 후 계속 전진하다가 장애물과 부딪히면 멈추는 로봇을 구현하여라.

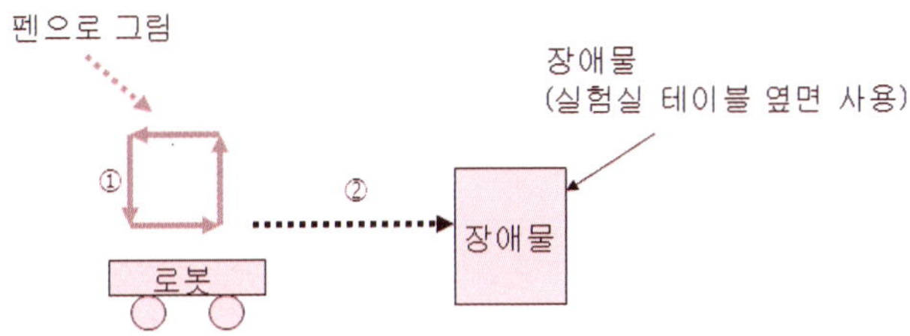


**[과제 7]** 로봇이 전진하다가 파란색 공을 만나면 원래 위치로 후진 한 후 멈추고, 전진하다가 빨간색 공을 만나면 그대로 공을 밀치며 전진하다가 40dB 이상의 큰 소리를 듣게 되면 멈추는 로봇을 구현하여라.

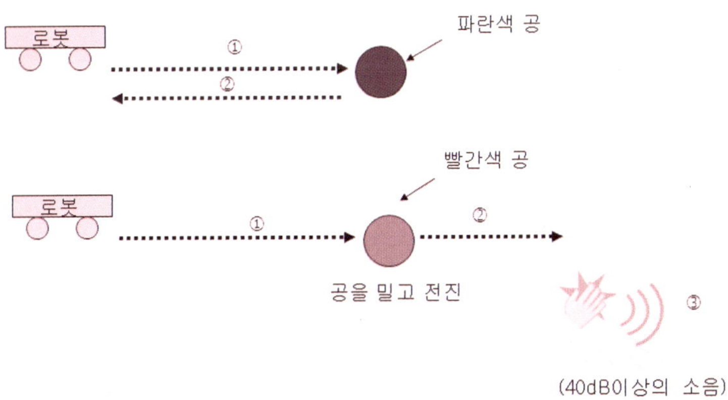

**[과제 8]** 전진하던 로봇이 40dB 이상의 큰 소리를 듣게 되면 멈추고 나서 '산토끼' 동요의 일부를 연주하는 로봇을 구현하여라.

<산토끼 악보>

**[과제 9]** 주어진 주행 경로를 따라 주행하는 라인트레이서 로봇을 구현하여라. 단, 마지막 종착점에서 멈추도록 하시오.

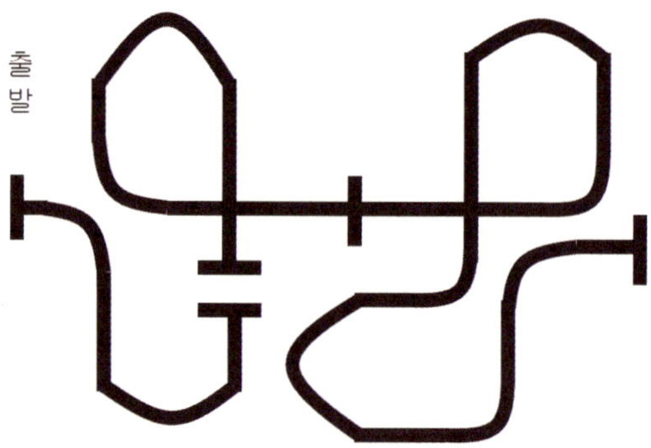

**[과제 10]** 아래에 주어진 도형을 그리는 로봇을 구현하시오.

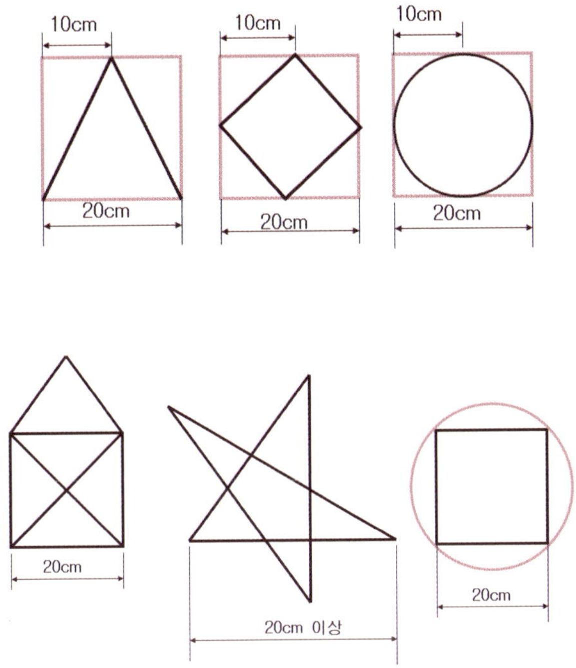


## 10.5. 레고 마인드스톰 NXT를 사용한 프로젝트 진행 방법

본 절에서는 레고 마인드스톰 NXT를 이용한 프로젝트의 목적, 프로젝트 일정, NXT 로봇 설계를 위한 일반적인 방법론, 그리고 평가를 위한 기준 및 방법에 대해 간단히 소개한다.

### 10.5.1 프로젝트 목적

- 로봇에 대한 원리를 이해한다.
- 각종 센서에 대한 이해와 사용 방법을 습득한다.
- 범용 PC가 아닌 컴퓨터시스템을 위한 프로그래밍 기법과 기능을 이해한다.

- 다양한 기능을 수행하는 로봇을 직접 제작하여 창의력 및 설계능력을 향상시킨다.
- 팀 단위의 프로젝트 진행을 통해 팀워크의 중요성과 효율적인 팀워크 방법을 습득한다.

### 10.5.2 레고 로봇 프로젝트 일정

여기서 소개하는 프로젝트의 일정은 기본적으로 3~4명으로 구성된 한 팀이 6~8주의 기간 동안 과제를 수행하는 것을 전제로 하고 있다. 인원수와 기간은 상황에 따라 융통성 있게 운영할 수 있으며, 한 학기를 기준으로 중간고사 이후가 학생들이 프로젝트를 진행하기에 더 유리할 것이다. 프로젝트의 진행일정을 정리하여 [그림 10-33]에 나타내었다. 6주 동안의 일정을 기준으로 작성된 것으로 인원수와 기간에 따라 변형하여 사용하는 것이 바람직하다.

【그림 10-33】 레고 로봇 과제 진행 일정(6주 기준)

우선 로봇을 제작하기 전 각종 센서들과 모터의 사용방법 등을 익힐 수 있는 간단한 프로그램 작성을 먼저 수행한다. 프로젝트 일정의 전 과정동안 학생들은 주제선정뿐만 아니라 센서의 활용 및 모터의 사용 등에 있어 발산적 사고 및 수렴적 사고를 통해 결정할 수 있도록 노력한다. 물론 기존에 제작된 로봇을 참고하거나 응용 예를 살펴보기 위해 레고 로봇과 관련된 인터넷 자료를 검색하여도 좋다. 주제 선정 및 기본적인 사용법을 익힌 후에는 중간보고서 발표와 난이도별 과제 수행, 팀별 간이 프로젝트 진행 등으로 완성도 높은 로봇이 설계 될 수 있도록 한다. 프로젝트가 완료되면 다음에 설명할 프로젝트 평가 방법을 참조하여 평가를 진행한다.

### 10.5.3 레고 로봇 과제 진행을 위한 효율적인 설계 방법

본 절은 레고 마인드스톰 NXT를 사용하여 로봇을 설계하기 위한 일반적인 방법에 대해 설명한다. 로봇을 설계할 때 고려해야 할 사항이 많이 있지만 잘 동작하는 로봇을 만들기 위해서는 체계적인 설계 방법을 익히는 것이 효율적이다. 틀에 박힌 설계 순서를 따라가는 것은 창의적이고 독창적인 로봇을 만들지 못할 것이라고 생각할 수 있지만, 체계적인 설계 방법을 사용하지 않았을 경우 겪게 되는 시행착오가 너무 많아지게 된다. NXT 로봇 설계 방법을 잘 이해하고 나면, 학생들은 레고사에서 제공하는 예제 프로젝트들을 통해 소개되는 프로그래밍 원리와 조립 노하우를 익힐 수 있고, 자신들의 프로젝트를 수행하는데 활용하여 효율성을 증가시킬 수 있다. NXT 로봇의 설계 방법은 [그림 10-34]에 나타낸 것과 같이 4단계로 구성된다.

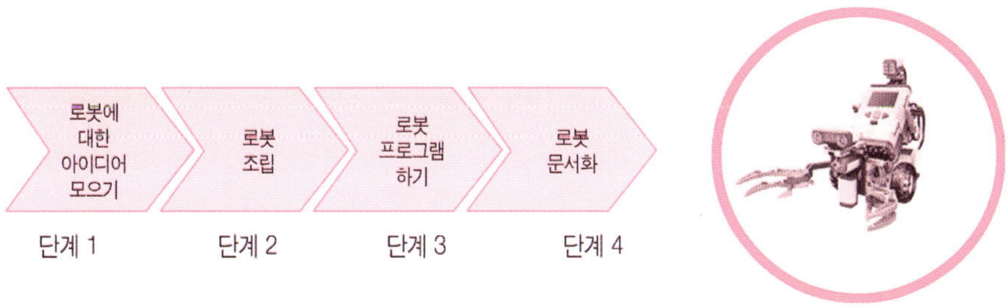


【그림 10-34】 4단계로 구성된 마인드스톰 로봇 설계 방법

### 1) 단계 1 : 로봇에 대한 아이디어 모으기

프로젝트를 시작할 때 학생들은 프로젝트의 목적을 달성할 수 있는 기초 아이디어를 찾는 것에 많은 시간을 할애해야 한다. 완성된 로봇을 보고 "어떤 기능을 수행할 수 있나요?"라는 질문이 가장 먼저 나오기 때문에, 로봇을 설계함에 있어 로봇이 갖는 기능이 제일 중요하다고 할 수 있다. 따라서 아이디어는 프로젝트의 목적을 달성할 수 있는 내용이거나 로봇이 가지게 될 기능에 대한 사항이어야 한다. 아이디어를 생성하기가 힘들다면 브레인스토밍과 같은 방법들을 활용하여 프로젝트가 지연되지 않도록 해야 한다. 아이디어를 직접 생성해 내는 것도 좋은 방법이지만 다른 사람들이 만들어낸 아이디어를 수정하거나 보완하여 더 좋은 아이디어를 내는 것도 좋은 방법이다. 레고사의 로보 센터에서 제공하는 예제 프로젝트들을 참고하거나 유튜브의 컨텐츠를 검색하여 보는 것도 좋은 방법이 될 수 있다. 또한 마인드스톰의 공식 웹사이트인 NXTLOG에서 기존에 만들어진 NXT 로봇들을 볼 수 있으므로 아이디어를 모으는데 많은 도움이 될 것이다.

### 2) 단계 2 : 로봇 조립하기

어떤 로봇을 설계할 것인지에 대한 아이디어의 구상이 끝났다면 설계할 로봇에 맞게 조립을 해야 한다. 로봇 조립은 구현하려고 하는 기능이 올바로 동작할 때 까지 많은 시행착오를 거쳐 완성된다. 따라서 한 번에 조립이 끝나는 경우는 거의 없으며 많은 부품들을 사용하여 조립과 분해를 반복해야 하기 때문에 상당히 힘든 작업이 된다. 일단, 조립이 완료되면 원하는 기능을 잘 수행하는지 그리고 견고하고 안정성 있게 조립이 되었는지 검사해야 한다. 이 검사 과정에서 미리 예상하지 못했던 동작으로 인해 기존의 아이디어가 수정될 수 있다. 또한 이 수정 과정으로 인해 기존의 아이디어가 더 명확해지거나 조립이 완료된 로봇을 분해해야 할지를 결정할 수 있다. 로봇의 조립은 재조립을 감안하여 모듈별로 조립하는 것이 효율적이다. [그림 10-35]에 Zippy-Bot 로봇의 모듈화 방법을 나타내었다.

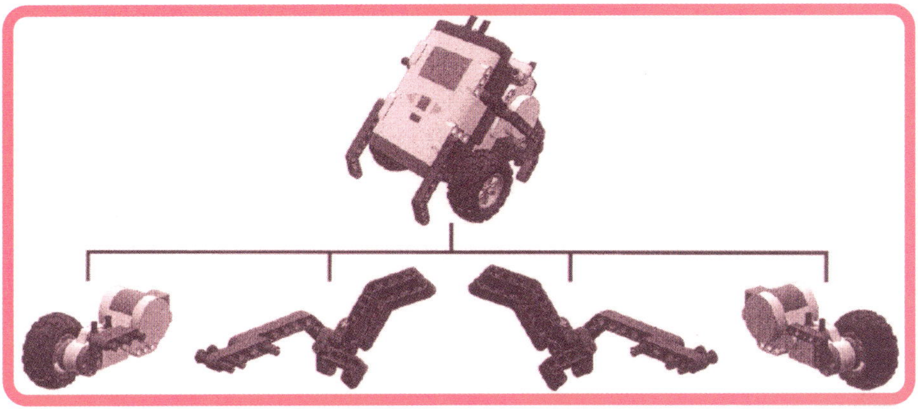

【그림 10-35】 모듈화된 부품을 이용한 Zippy-Bot

### 3) 단계 3 : 로봇 프로그래밍 하기

로봇의 조립이 완료되면 로봇에게 지능을 부여해야 한다. 프로그래밍 작업 또한 반복적인 코딩과 디버깅의 과정으로 여러 번의 시행착오를 겪어야만 원하는 결과를 얻을 수 있을 것이다. 중요한 것은 로봇에게 이식되는 프로그램이 해야 할 일과 해서는 안 되는 일을 구분하는 것이다. 보통 개발자는 로봇이 많은 기능을 하면 좋을 것이라 생각하고 기존에 계획했던 기능보다 더 많은 것을 구현하게 되는데 이것은 숨겨진 버그를 만들거나 유지보수를 어렵게 하는 원인이 된다.

NXT를 위해 사용할 수 있는 언어는 여러 가지이기 때문에 우선 사용할 프로그래밍 언어를 결정한 후 코딩을 시작한다. 초보자에게는 NXT-G 언어가 접근이 쉬우며, 고급 사용자는 자바 또는 C언어 기반의 프로그래밍 언어를 사용할 수 있다. 이 단계에서 로봇이 원하는 기능을 올바로 수행할 수 있도록 프로그래밍을 하게 되는데 이 때 조립 방법에 따라 프로그램이 달라질 수 있기 때문에 프로그래밍 작성 도중에 조립을 다시 해야 할 수도 있다.

### 4) 단계 4 : 로봇 문서화

로봇에 대한 조립과 프로그래밍이 완성되었으면 마지막으로 문서화를 시켜야 한다. 문서의 머리 부분에는 로봇의 기능과 장비의 구성, 사용된 프로그램 언어의 종류 및 간단한 흐름도를 요약한다. 로봇의 특성상 글로 설명하는 것 보다는 사진이나 동영상으로 기능을 설명하거나 부연 설명을 하도록 하며 [그림 10-37]처럼 LEGO Digital Designer(LDD)와 같은 CAD 프로그램을 이용하여 로봇을 조립하는 방법을 설명한다. 주의할 사항은 문서화를 위해 너무 세세한 것까지 남길 필요는 없다는 것이다. 그리고 문서화를 위해 로봇을 다시 분해하는 경우가 있을 수 있으니 로봇을 조립하는 단계에서 틈틈이 사진 또는 영상으로 기록하는 것이 좋다.

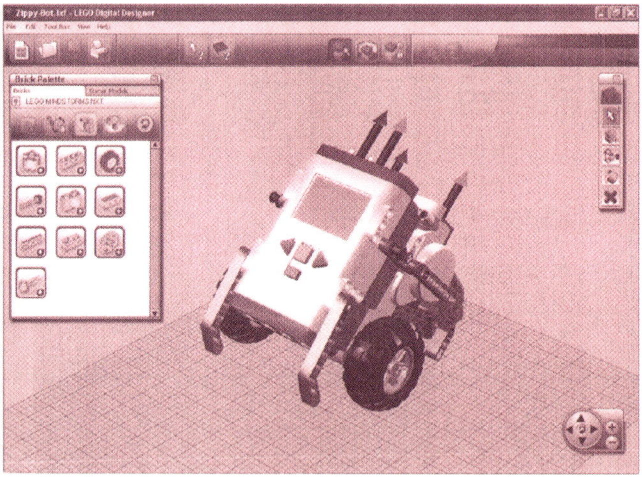

【그림 10-36】 LEGO Digital Designer(LDD)로 만든 Zippy-Bot

### 10.5.3 레고 로봇 프로젝트 평가 방법

레고 프로젝트에 대한 평가는 다양한 방식으로 가능하지만, 참고 예를 세시하였다. 상황에 따라 변형해서 적용할 수 있다.

#### 1) 평가 반영 비율

| 영역 | 아이디어 평가 | 성능 및 Demo 평가 | 태도 평가 | 문서화 (보고서) 평가 | 합계 |
|---|---|---|---|---|---|
| 배점 | 30 | 40 | 10 | 20 | 100 |

#### 2) 아이디어 평가(30점)

| 영역 | 독창성 | 실용성 | 효율성 |
|---|---|---|---|
| 배점 | 10 | 10 | 10 |

#### 3) 성능 평가 (40점)

| 영역 | 평가 항목 | 세부 항목 | 점수 |
|---|---|---|---|
| 기능성 및 완성도 (20) | 수행 가능한 기능의 완성도와 난이도 (Demo 동작 포함) | 상 | 20 |
| | | 중 | 15 |
| | | 하 | 10 |
| | 기능을 구현할 때 사용한 알고리즘의 효율 정도 | 상 | 10 |
| | | 중 | 8 |
| | | 하 | 6 |
| 견고성 및 모듈화 (10) | 조립의 견고함 및 모듈화 여부 | 상 | 10 |
| | | 중 | 8 |
| | | 하 | 6 |
| 합 계 | | | 40 |

### 4) 태도 평가 (10점)

| 영역 | 평가항목 | 점수 |
|---|---|---|
| 적극성(4) | 문제를 적극적으로 해결하려 한다. | 4 |
| | 문제에 관심은 보이지만 주위가 산만하다. | 2 |
| | 문제해결에 무관심 하다. | 0 |
| 팀웍(3) | 팀 구성원들 사이에 의사소통이 원활하다. | 3 |
| | 팀 구성원들 사이에 의견 조율이 힘들다. | 2 |
| | 팀 구성원들 사이에 의사소통이 원활하지 못하다. | 1 |
| 표현 정도(3) | 문제해결과정과 의사를 명확히 전달한다. | 3 |
| | 부분적인 설명은 잘 하지만 전체적인 표현력이 떨어진다. | 2 |
| | 자신의 의사를 표현하는데 어려움이 많다. | 1 |
| 합계 | | 10 |

### 5) 문서화 평가 (20점)

| 평가항목 | 점수 |
|---|---|
| 체계적으로 잘 정리되어 있어, 제작 과정을 쉽게 파악할 수 있다. | 20 |
| 정리는 잘 되어 있으나 그림 또는 주석의 내용이 조금 부족하다. | 18 |
| 정리는 하였으나 제작 과정을 잘 파악하기에는 많이 부족하다. | 16 |
| 문서화 정리를 완성하지 못하였다. | 14 |
| 문서를 만들지 않았다. | 0 |
| 합계 | |

### 10.5.5 레고 로봇 프로젝트 사례

본 절에서는 수업을 통해 만들어진 프로젝트 사례를 소개한다. [그림 10-38]~[그림 10-45]에 NXT 로봇을 사용한 다양한 프로젝트 예를 나타내었다.

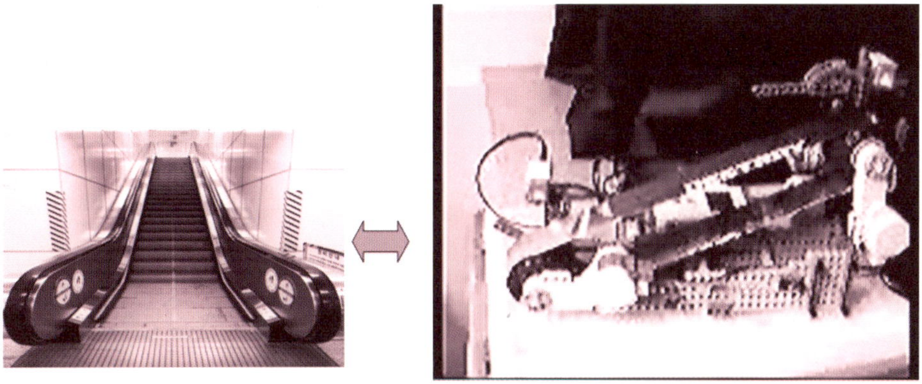

【그림 10-37】 에스컬레이터를 모델링한 마인드스톰 로봇

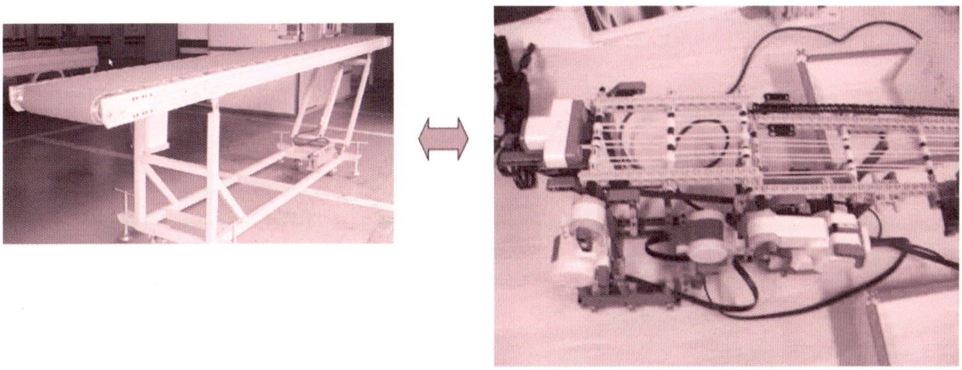

【그림 10-38】 컨베이어 벨트를 모델링한 마인드스톰 로봇

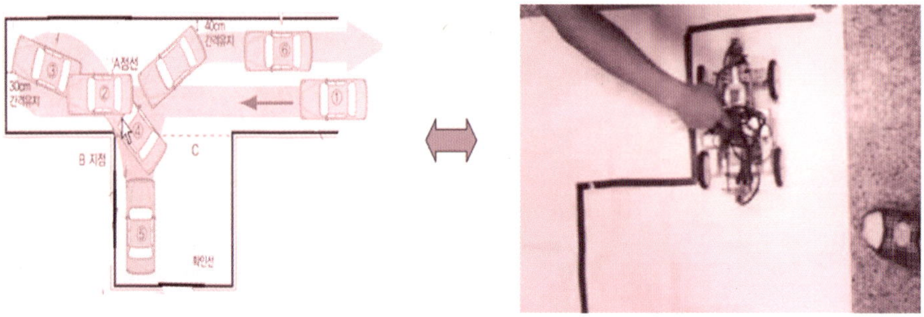


【그림 10-39】 주차 로봇

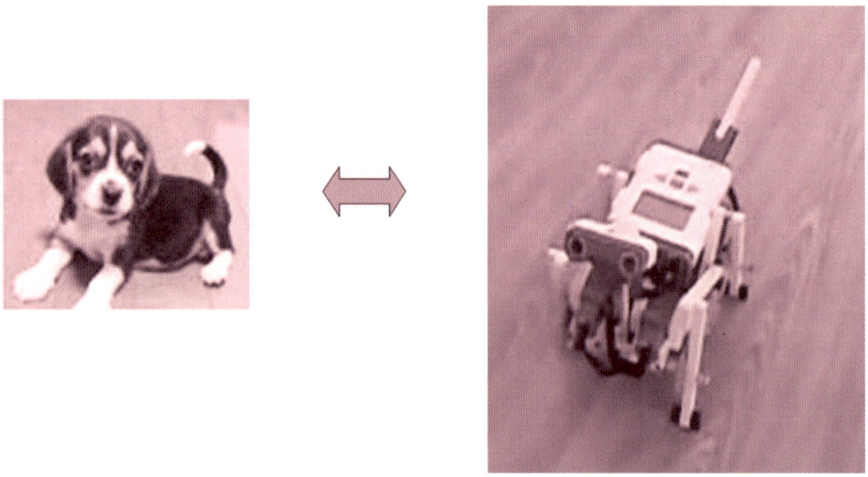

【그림 10-40】 꼬리를 흔드는 강아지 로봇

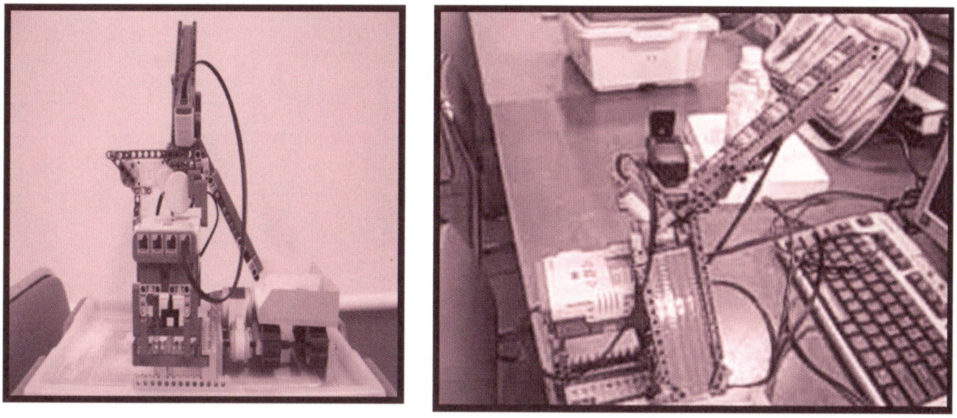

【그림 10-41】 색깔로 레고 블록을 분류하는 로봇

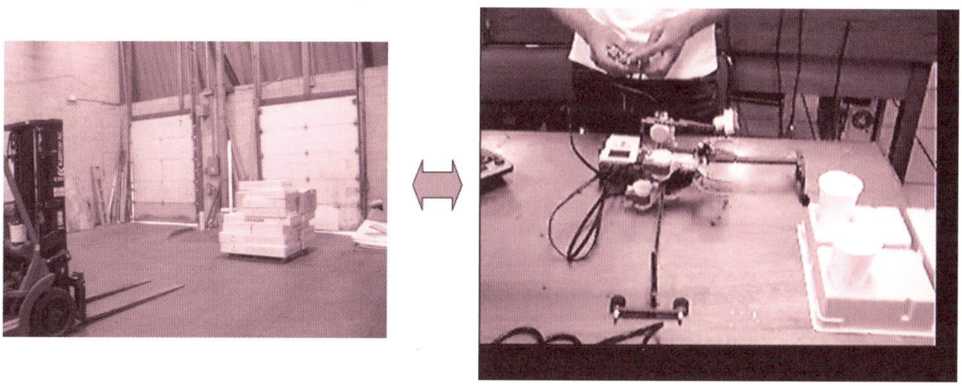

【그림 10-42】 자동화 물류 창고시스템을 모델링한 레고 마인드스톰 로봇

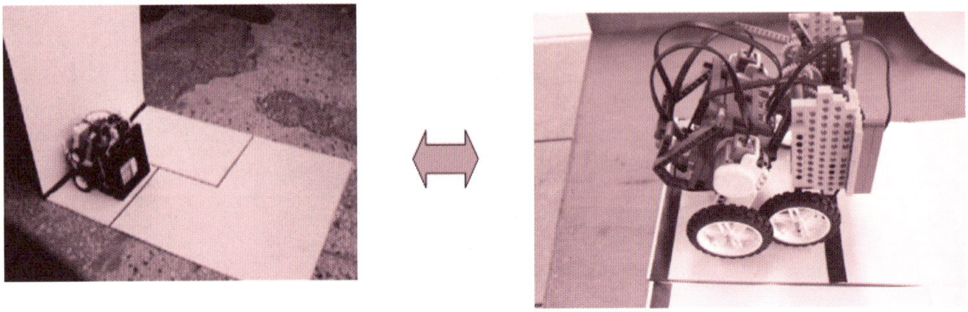

【그림 10-43】 주차공간을 절약하는 포개지는 자동차 로봇

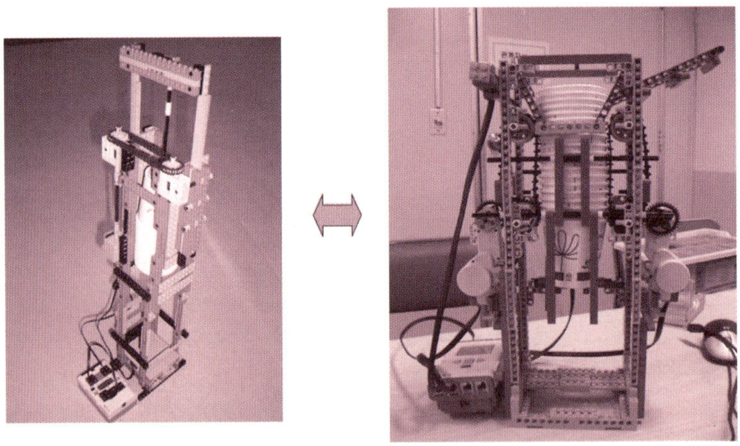

【그림 10-44】 자동판매기를 모델링한 로봇

제11장

# 건축 관련, 토목, 도시과제

이론 4시간 실습 16시간(5주)

11.1 건축디자인과 관련된 문제해결 – 여러 가지 공간도형의 조합

11.2 건축 및 토목구조와 관련된 문제해결 – 안정된 구조물의 축조 실험

11.3 건물 에너지와 관련된 문제해결 – 에너지 절약형 건물 모형

## 11.1 건축디자인과 관련된 문제해결 - 여러 가지 공간도형의 조합

공간을 구성하는 요소들 중에서 오랜 기간 동안 변화하지 않는 것들 중 하나가 건물이라 느껴질 수 있다. 수목이나 화단, 거리의 조형물 등은 시간에 따라서 스스로가 변화하거나 아니면 장소를 이동시킴으로써 쉽게 변화를 가져올 수 있다. 하지만 건물은 일단 한번 건설이 되면 간단하게 변화할 수 없는 것이므로 장기적인 관점에서 계획성이 요구되어진다.

건물이 가지고 있는 기본적인 요소들 중에서 건물의 높이, 두께, 폭 등의 건물의 볼륨과 그들의 조화로운 배치는 건축공간을 구성하는 중요한 요소로써 작용하게 된다. 이러한 요소들의 기본과 단위를 정립하고, 그들 간의 관련성을 파악하는 것이 건물을 구성하는데 중요한 요소가 될 수 있다.

디자인의 공학적 해결방안은 무엇인지 풀어나가는 과정으로써 다양한 공한도형을 이용하여 일정한 틀 안에서 공간과 여백을 이용하는 입체도형의 조합을 구성하도록 한다.

도형의 개수를 50개로 한정하고, 도형의 종류 및 크기는 구성원들에게 일임하여 일정한 크기의 모형틀(1 m×1 m×1 m) 속에 본인이 원하는 구조체를 완성해 보도록 한다. 입체모형의 예는 [그림 11-2]에 나타나 있지만, 여러 가지 모양들을 응용하여 만들 수 있도록 한다.

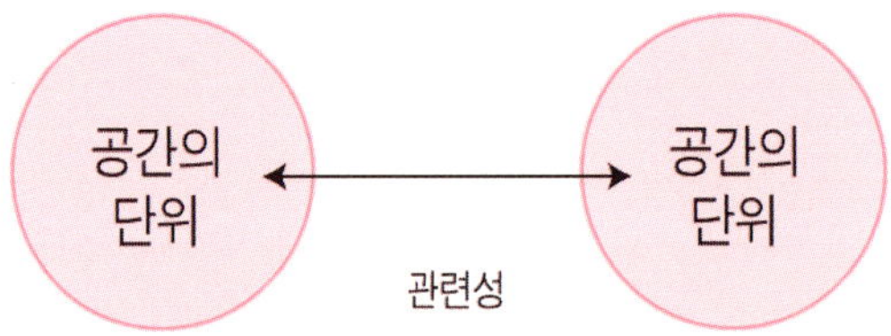


【그림 11-1】 공간의 관련성

【그림 11-2】 나무 입체 모형

## 11.2 건축 및 토목구조와 관련된 문제해결 - 안정된 구조물의 축조 실험

건축물 또는 토목 구조물의 붕괴는 막대한 인적, 재산 피해가 있게 된다. 1994년의 성수대교붕괴 사고와 1995년의 삼풍백화점 붕괴사고는 구조물의 안전성이 얼마나 중요한가에 대한 경각심을 일으켜 주는 것이라 할 수 있다.

성수대교는 서울의 성동구 성수동과 강남구 압구정동을 연결하는 대교로서 전체 1160 m 중 제10번, 11번 교각 사이 상부트러스 48m 가 붕괴되어 차량 6대가 한강으로 추락하여 사망 32명 부상 17명의 인명피해가 있었다. 사고의 원인은 여러 가지 있을 수 있겠지만 저급한 자재, 공사감독자의 일관성 결여 등의 제도적 원인과 설계상 신공법 교량을 완벽하게 소화하기 어려운 기술적 요인 및 안전관리 소홀의 사회 환경적 요인이 겹쳐져서 일어난 것이라 볼 수 있다.

이에 대한 재발방지를 위하여 용접불량 등 공사부실과 유지관리 부실, 규정 이상의 과적 차량통행단속 소홀 등이 직접적 원인이므로 이에 대한 단속과 관리 강화와 더불어 중앙정부 및 지자체에 안전관리 전담기구 신설 및 예산확보 시설물 안전관리에 관한 특별법 제정, 시설물 관리 책임 제도운영이 필요할 것이다.

【그림 11-3】 성수대교의 붕괴

삼풍백화점은 1995년 6월 29일 오후 5시 55분, 서울 서초구 삼풍백화점 2개 동 중 지상 5층 지하 4층의 북측 건물의 5층 슬래브가 붕괴되면서 연속적으로 지하층까지 붕괴하여 사망 501명, 부상 937명, 실종 6명의 엄청난 피해를 일으킨 사고였다.

이의 붕괴 요인으로는 건축 관련법규가 현실을 제대로 반영하지 못해 지켜지지 않으며 철저한 제도적 장치를 불법과 편법을 성행 등의 제도적 원인도 있겠지만 "기초공사 부실로 인한 자연 붕괴로 보인다"고 밝힌 통상산업부 안전점검대책반의 진상조사처럼 기술적인 이유가 더 크다고 볼 수 있다.

【그림 11-4】 삼풍백화점 붕괴 현장

이에 주변에서 손쉽게 구할 수 있는 재료를 이용하여 건축 및 토목 구조물을 만들어 보도록 한다. 구조물의 예로서는

- 스파게티 국수를 이용한 다리 만들기
- 이쑤시개를 이용한 건물 만들기
- 성냥개비를 이용한 다리 및 건물 만들기

등의 방법이 있을 수 있다.

가늘고 긴 재료의 사용으로 건물의 뼈대나 다리를 제작해 봄으로써 건축 및 토목 구조물에 대한 이해를 증진시킬 수 있다.

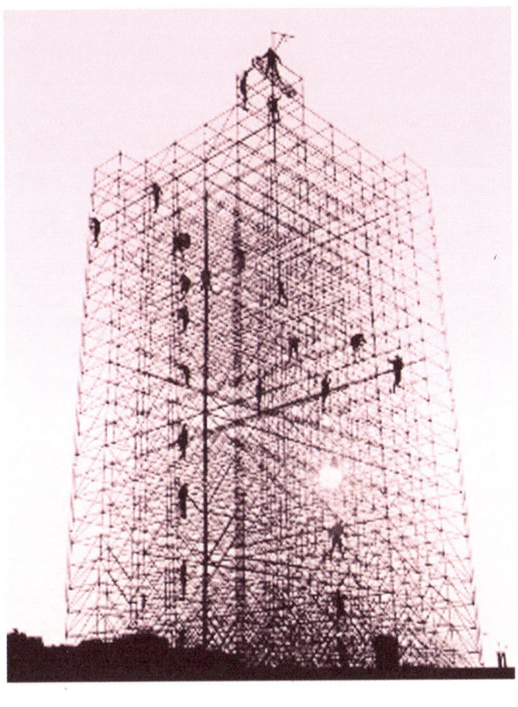

【그림 11-5】 건물 뼈대

【그림 11-6】 아름다운 다리

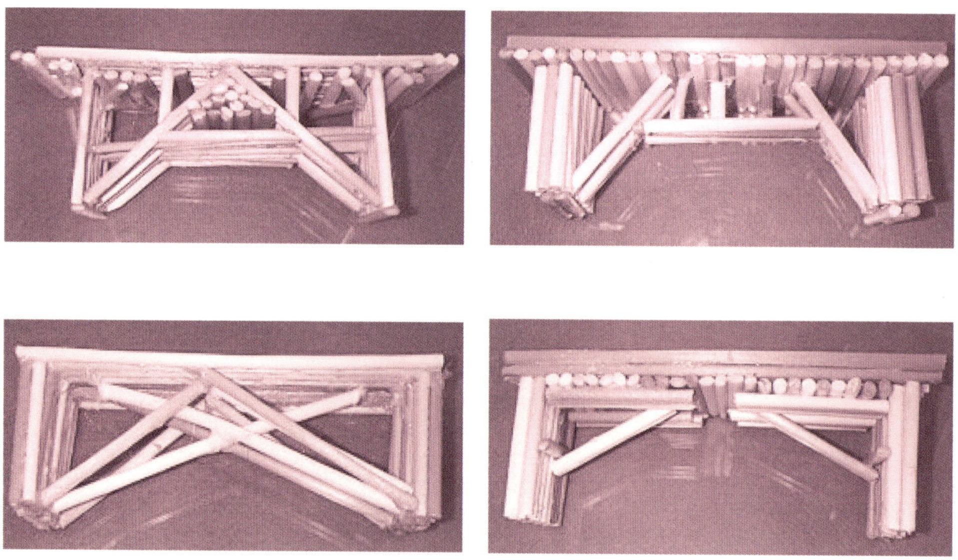

【그림 11-7】 수수깡으로 만든 다리 구조물

## 11.3 건물 에너지와 관련된 문제해결 – 에너지 절약형 건물 모형

에너지의 가격 상승 및 환경문제의 해결 방안으로 대두된 선진도시의 에너지 저소비형 건물을 우리나라에서도 벤치마킹하여 건물에너지 절약기준을 강화하여 추진하고 있다. 이러한 건물들 중에서는 에너지 절약을 위해 여름에 빗물을 받아 건물 온도를 낮추는 냉각수로 활용하거나, 화장실 변기청소 물로 사용하고 있는 것과 전기 절약을 위해 천장에 자연채광을 위한 창을 설치하고, 태양열을 활용하여 전력을 생산 활용하고 있는 등 많은 노력들을 보여주고 있다.

우리나라에서도 건물에너지 절감을 위해, 건물 내 자연채광 시스템 및 태양광 발전시스템을 설치토록 권장하고, 집단에너지가 공급되는 지역 내 도심재개발·재건축지구 등의 일반건축물과 공동주택을 대상으로 하여 여름철의 남는 열을 냉방용 에너지로 활용하는 '지역 냉방 시스템'을 추진하는 등 다방면으로 노력하고 있다.

【그림 11-8】 태양열 주택

【그림 11-9】 주택의 태양광 발전 시스템 적용

소규모 건물의 자연에너지 사용 및 에너지 절약형 기술들의 접합에 대한 응용을 통하여 건물로 인한 에너지 소비를 감소시킬 수 있는 방안에 대한 해결책을 강구하여 보도록 한다.

기존의 제로에너지 주택의 설계 개념에 대한 이해를 통하여 주어진 작은 건물에의 응용을 모형으로 표현함으로써 건물의 에너지 사용에 대한 이해 및 절약 방안을 도출해 보도록 한다.

또한 도시 차원에서도 에너지의 수요 및 공급에 대한 구체적인 이해를 통하여 환경 친화적이면서 에너지 절약적인 도시를 계획해 보도록 한다.

제12장

# 기계, 조선해양과제

12.1 시스템 개발 모형(그림 12-1)과 설계 과정(그림 12-2)

12.2 코르크 마개뽑이(cork screw)

12.3 escalator와 elevator는 모두 도르래와 평형추를 이용한 승강장치이다.

12.4 안전벨트의 원리

12.5 자동차의 현가장치

12.6 brake의 원리

12.7 대학생 창작 연구대회

## 12.1 시스템 개발 모형(그림 12-1)과 설계 과정(그림 12-2)

[그림 12-1]은 시스템 개발의 모형으로서 시스템의 수요와 목적에 따라 먼저 시스템을 정의한 뒤 예비설계를 하고 상세설계를 한 뒤 모형이 될 시스템을 조합한다. 조합된 시스템을 실험한 뒤 최종 설계를 하게 된다. 설계를 하는 도중에 시스템의 수요와 목적 및 정의에 맞는지 각 단계별로 수정보완을 거쳐 최종 설계를 하게 된다.

단계별 과정은 다음과 같다.

1. 시스템이 필요로 하는 요구조건 규정 - 2. 예비설계(개념설계) - 3. 상세설계 - 4. 시제품 - 5. 시스템의 시험 및 검정 - 6. 최적 설계

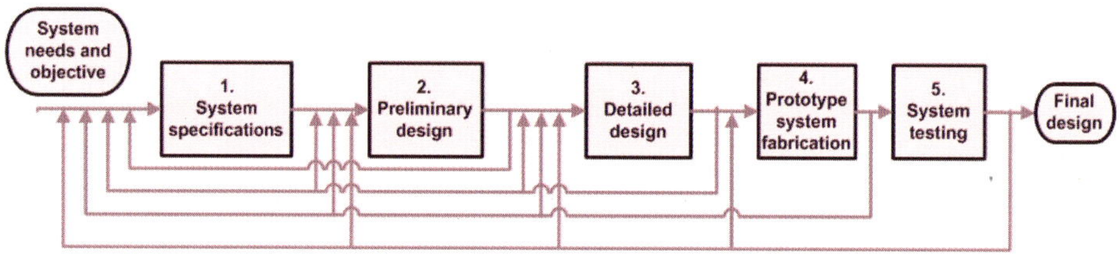


【그림 12-1】 시스템개발 모형

[그림 12-2]는 최적 설계과정으로서 단계별 과정은 다음과 같이 이루어진다.

1. 시스템이 필요로 하는 요구조건 규정:
   (1) 설계변수의 설정,
   (2) 비용의 최소화
   (3) 만족해야 할 제약조건
2. 시스템을 설명할 수 있는 자료수집
3. 초기설계의 평가
4. 시스템 분석
5. 제약조건의 점검
6. 수렴조건(convergence criteria)을 만족하는 설계인가?

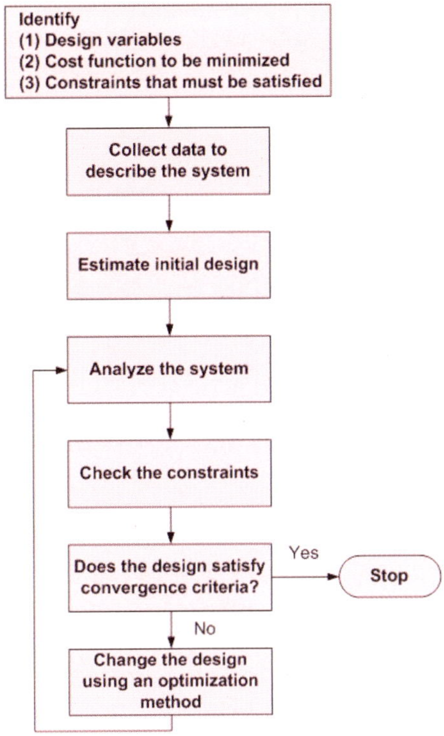


【그림 12-2】 최적 설계과정

만족하면 끝내고, 만족 못하면 최적법을 사용하여 설계 변경한 뒤 4.시스템분석부터 다시 시작하기를 몇 차례 반복한 뒤 결론을 내리는 방법이다.

## 12.2 코르크 마개뽑이(cork screw)

코르크 마개를 뽑는 코르크 마개뽑이(cork screw)는 screw, rack, pinion을 이용하여 코르크를 뽑는다. 피니언 끝에 달려 있는 긴 손잡이가 지레처럼 작용해 랙에 전달하므로 잡아당기지 않고 마개를 쉽게 뽑을 수 있다. 이것의 원리를 [그림 12-3]과 같이 도시할 수 있다. 코르크 마개뽑이를 [그림 12-3]의 (1)의 위치에 놓는다. 나사를 돌리면 [그림 12-3]의 (2)처럼 올라가고 나사는 코르크에 박힌다.

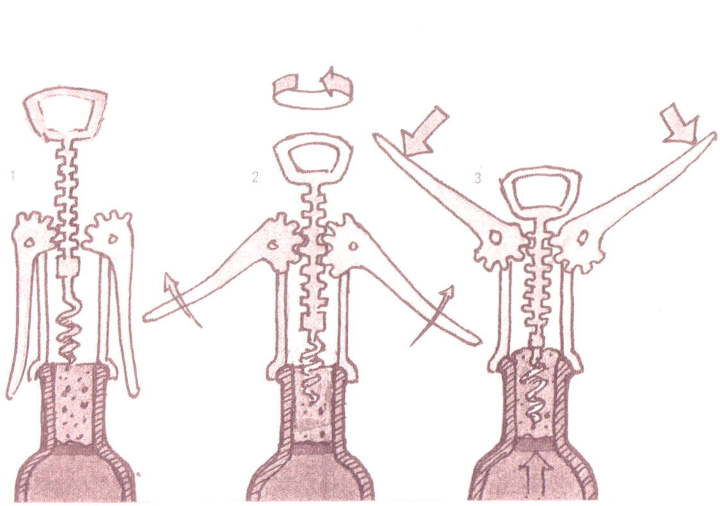


(1) (2) (3)

【그림 12-3】 코르크 마개뽑이의 원리

나사가 충분히 박힌 후 손잡이를 [그림 12-3]의 (3)처럼 아래로 내리면 피니언이 랙에 힘을 전달하므로 마개가 뽑힌다. 랙과 피니언을 이용한 다른 기구들이 있는지 조사해 보라.

## 12.3 escalator와 elevator는 모두 도르래와 평형추를 이용한 승강장치이다.

현대식 에스컬레이터는 25~30° 정도 기울어져 있으며, 전기로 동력을 공급하고, 체인과 스프로킷을 써서 구동하며, 두 궤도를 써서 적당한 평면에 고정되어 있다. 디딤판이 꼭대기 부분에 도달하면 빗살모양의 장치를 통과하여 지나가는데, 만약 물체가 계단과 이 장치 사이에 끼이면 편향 스위치가 작동하여 동력을 끊는다.

에스컬레이터의 이동속도는 30~40 m/min이며 대형 에스컬레이터는 1시간에 6,000명까지 실어 나를 수 있다. 만약 체인이 끊어지면 장력이 풀려 에스컬레이터를 멈추게 하며, 난간이 고장나거나 느슨해질 경우, 또는 발판이 휠 경우에는 안전 스위치가 역시 이 장치를 멈추게 한다. 트레블레이터(travelator)라고 부르는 특수한 형태의 에스컬레이터의 원리에 대해 조사한 뒤 그림으로 그 원리를 설명을 그려 보라. escalator의 원리를 [그림 12-4]를 이용하여 설명해 보라.

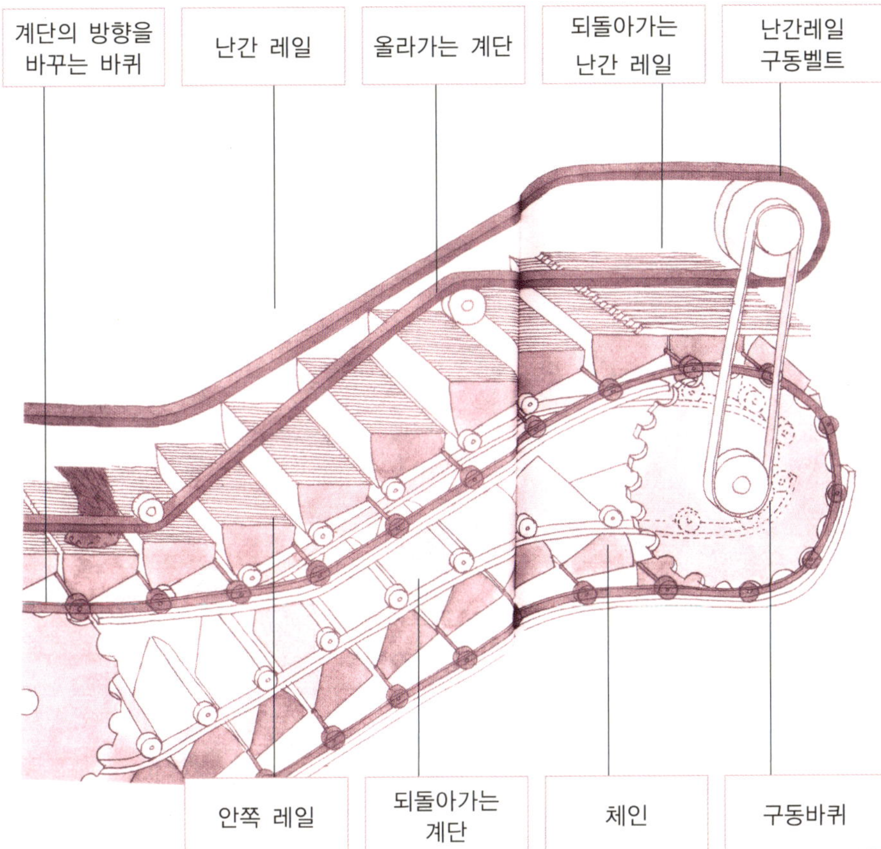


【그림 12-4】 에스컬레이터의 작동원리

## 12.4 안전벨트의 원리

지렛대의 원리를 이용한 것 중에 시소, 양팔 저울, 윗접시 저울, 펌프, 펜치, 가위, 바퀴축, 시계의 톱니바퀴, 미니카의 톱니바퀴, 도르래, 롤러 블라인더 등이 있으며 크레인은 도르래를 사용한다.

자동차의 안전벨트는 roller blinder와 반대로 부드럽게 당겨질 때는 고정되지 않지만 충돌 등으로 갑자기 당겨질 때만 걸려서 고정되어 승객이나 운전자를 보호한다. 안전벨트는 천천히 당기면 고정되지 않으므로 보통 때는 좌석에서 몸을 자유롭게 움직일 수 있다. 안전벨트의 심장부에는 원심클러치가 사용된다. 안전벨트의 작동원리를 [그림 12-5]로 설명하고 roller blinder의 원리를 설계해 보라.

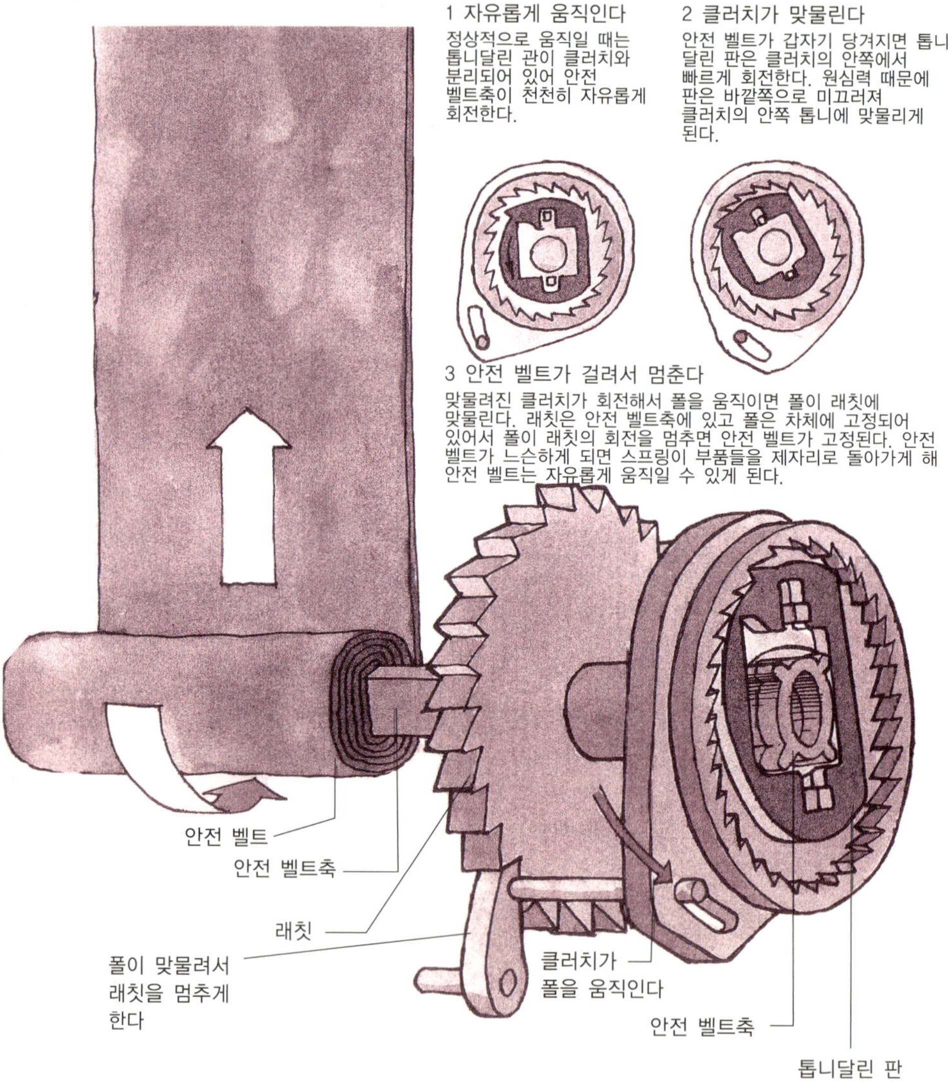


【그림 12-5】 안전벨트의 작동원리

## 12.5 자동차의 현가장치

자동차의 현가장치는 울퉁불퉁한 길에서도 자동차를 부드럽게 운전할 수 있도록 해서 승차감을 좋게 해준다. 바퀴는 위 아래로 흔들리지만 차축과 차체 사이에 있는 스프링이 신축되면서 충격을 흡수한다. 따라서 충격이 차체에 전달되지 않는다. 스프링만으로는 반동으로 튈 수가 있기 때문이다. 현가장치에는 완충기라고 부르는 제동장치(damper)가 붙어 있다. 이 장치는 스프링의 운동을 느리게 해서 차와 차에 탄 사람들이 위아래로 진동하는 것을 막아 준다. [그림 12-6]의 현가장치의 원리를 설명하고 현재 개선되고 있는 현가장치를 조사해보라.

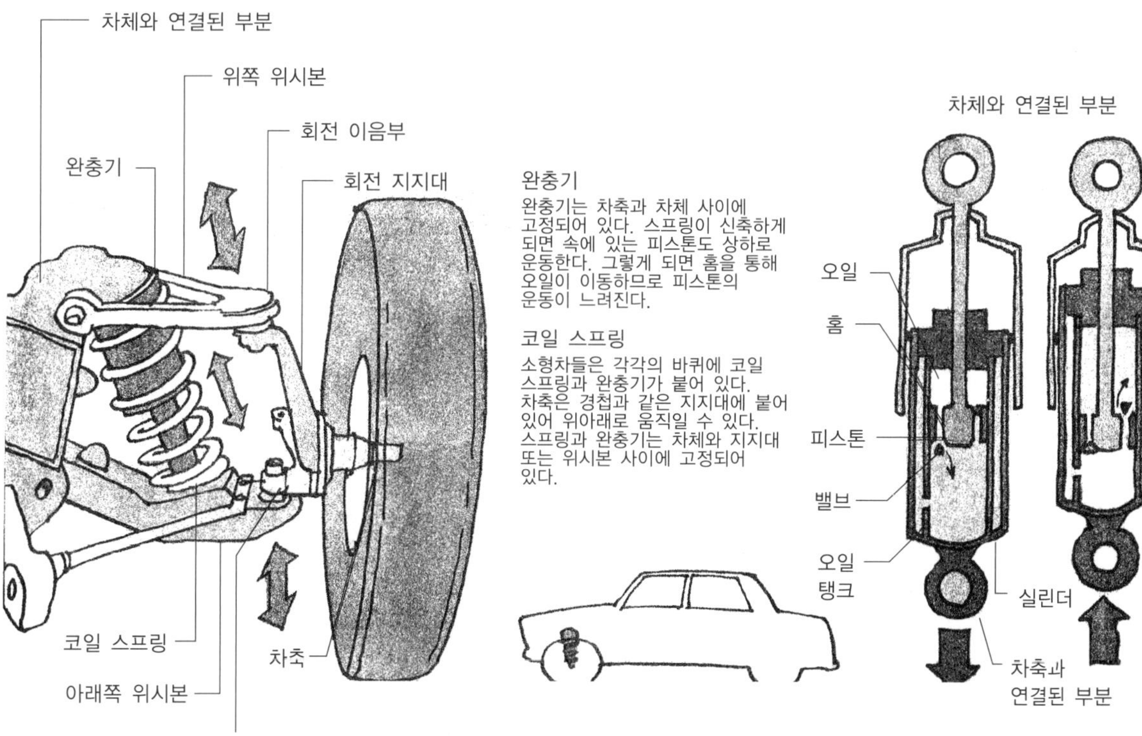


【그림 12-6】 현가장치의 원리

## 12.6 brake의 원리

고속으로 달리고 있는 자동차를 순간적으로 정지시키려면 브레이크가 엔진보다 더 큰 힘을 내어야 한다. 브레이크는 이 큰 힘을 겨우 손바닥만 한 면적 사이의 마찰에 의해 발생시킨다. 브레이크의 제동력이 센 것은 brake pad와 니스크, 또는 brake shoe와 brake drum이 서로 센 힘으로 밀고 있기 때문이다. 별도의 보조 장치를 쓰지 않는 일반 brake에서는 운전자가 brake를 발로 누르는 힘이 유압에 의해 커진다. [그림 12-7]의 brake의 원리를 설명하고 설계해 보라.

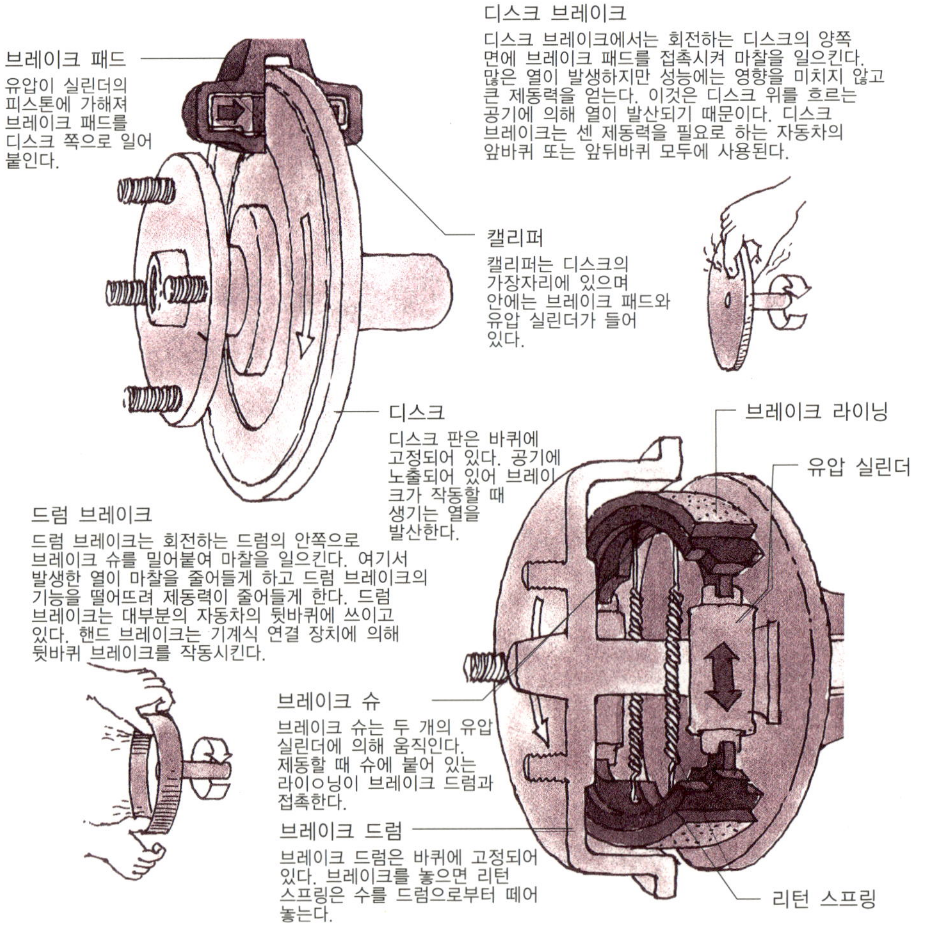


【그림 12-7】 brake의 원리

## 12.7 대학생 창작 연구대회

### 창의력 초기의 평가

학 번 : ____________________  성 명 : ____________________

◎ 위의 5가지 부품 중 1개를 선택하여 여러분 나름대로 부품을 개선하기 위하여 자신의 아이디어를 제출하시오. 단, 설명을 위한 그림이나 스케치를 그려서 설명하시오. (여러분의 창의력을 평가하기 위함).

## 아이디어를 제출하였을 경우 프레젠테이션 채점표(개인별 혹은 그룹별)

| 아이디어 채점표 | | | | | |
|---|---|---|---|---|---|
| 과 | 그룹 | 학 번 | | 성명 | |
| presentation 제목 | | | | | |

(1) 글자의 크기와 굵기는 매뉴얼대로인가? (0~ -2점)

적당=0점, 크기는 OK지만 너무 가늘다=-0.5점,

굵기는 OK지만 너무 작다=-1점, 크기·굵기 모두 아님= -2점

(2) 그림에 나타낸 연구가 이루어지고 있는가? (0~ -2점)

입체적인 표시 = 0점, 평면적인 표시 = -0.5점

이해 불능= -1점, 의미 없는 그림은 평가 않음 = -2점

(3) 문자와 그림을 칼라로 표시하고 있는가? (0~ -2점)

3색(흑 이외) = 0점, 2색= -1점, 1색= -2점

(4) 문제 탐구력(분석력) (6~10점)

참신한 분석= 10점, 숙고한 분석= 9~8점,

고찰= 7점, 조사만 하였음= 6점

(5) 창의성 능력(독창성) (6~10점)

참신한 아이디어= 10점, 숙고한 아이디어= 9~8점,

보통= 7점, 조사만 하였음= 6점

(6) 질문에 대한 답변의 정확도 (0~ -2점)

정확= 0점, 반이해= -1점, 이해 불가능= -2점

합계 = /20점

| 교수논평란 | |
|---|---|

# 제13장

# 화공, 환경과제

이론 4시간 실습 16시간(5주)

## 13.1 간이 정수기 만들기

### 과제 개요

우리 생활 주변에서 쉽게 얻을 수 있는 도구들을 이용하여 정수기를 만들고자 한다. 주어진 도구들을 이용하여 한계 요소를 만족하는 최적의 정수기를 제작하여라.

### 한계 요소

① 페트병에 채우는 매질은 4종 이하로 한다.
② 페트병에서 나오는 유량은 분당 1 L/min 이상으로 한다.
③ 페트병에서 나오는 물의 수질은 들어가는 수질의 1/20으로 한다.

**준비물 :** 페트병, 솜, 천, 굵은 모래, 고운 모래, 체, 자갈, 숯, 흙탕물, 잉크, 비커, 칼

**측정기기 :** 탁도계, 스톱워치, 메스실린더

### 제작 방법

① 모래, 자갈, 천을 깨끗한 물에 씻는다.
② 페트병 아래를 칼 또는 가위로 매끈하게 자른다.
③ 적당한 준비물을 이용하여 페트병 입구를 막는다.
④ 준비물 재료를 이용하여 적당한 방법으로 3/4까지 채운다.
⑤ 깨끗한 물을 부어 나오는 유량을 측정한다.
⑥ 흙탕물을 고루 부어 정수되는 양을 측정한다.

## 13.2 플러버 만들기

### 과제 개요

플라스틱과 고무의 성질을 같이 가진다는 플러버 공을 만들고자 한다.
주어진 재료들을 이용하여 한계 요소를 만족하는 최적의 플러버를 만드는 방법을 제시하여라.

### 한계 요소

① 플러버는 직경 5 cm 이상의 크기를 갖는다.
② 플러버의 탄성률은 0.8 이상이 되도록 만든다.
③ 설계 인자는 반죽 시간과 물의 첨가량을 조절하여 탄성률을 조정한다.

**준비물 :** PVA 재질의 풀, 붕사, 종이컵, 나무젓가락, 식용색소, Fe3O4 powder, 네오디뮴 자석, 물, 삼발이, 비커, 알코올램프, 비닐장갑

**측정기기 :** 줄자, 저울

### 제작 방법

① 물 100 ml에 붕사를 적당량(차 두 숟가락 내외)을 넣고 잘 녹인 후 원하는 색상의 식용색소를 첨가한다.
② PVA 풀을 비커에 넣은 후 젓가락으로 저으면서 붕사 용액을 조금씩 가한다.
③ 젤리처럼 굳어지면 꺼내어 공 모양으로 만든다.

## 13.3 잠수함 만들기

### 과제 개요

소다와 구연산을 이용하여 스스로 부상하였다가 잠수하는 잠수함을 만들고자 한다. 주어진 재료들을 이용하여 한계 요소를 만족하는 잠수함을 만드는 방법을 제시하여라.

### 한계 요소

① 플러버는 직경 5 cm 이상의 크기를 갖는다.
② 플러버의 탄성률은 0.8 이상이 되도록 만든다.
③ 설계 인자는 반죽 시간과 물의 첨가량을 조절하여 탄성률을 조정한다.

**준비물 :** 큰 페트병 3개, 작은 페트병 1개, 지름 3 cm 플러버 볼 2개, 철사, 가위, 칼, 지름 1 cm 이하의 작은 돌 10여 개, 탄산수소나트륨, 구연산

**측정기기 :** 줄자, 저울

### 제작 방법

① 작은 페트병 바닥에서 4 cm 떨어진 지점을 가위와 칼을 이용하여 자른다.
② 송곳을 이용하여 페트병 바닥에 6~8개 정도의 구멍을 뚫는다.
③ 2개의 플러버볼을 구멍을 뚫어 각각을 페트병 입구의 안쪽과 바깥쪽에 놓는다.
④ 이쑤시개나 철사를 플러버볼에 끼워서 두 개를 잇는다. (거리는 공정 인자)
⑤ 페트병 바닥에는 작은 돌들을 놓는다.
⑥ 알루미늄 포일을 한 변이 8 cm가 되도록 정사각형을 자른다.
⑦ 구연산 10 g, 탄산나트륨 12 g을 잘 섞어서 알루미늄 포일에 넣는다.
⑧ 알루미늄 포일을 길게 말아서 페트병 바닥에 넣고 포일 윗부분에 구멍 두 개를 뚫는다.
⑨ 돌이 들어있는 페트병 위쪽에 칼집을 내어 탱탱볼이 끼워져 있는 페트병을 끼운다.
⑩ 1.5 L 페트병 3개를 연결한 물통에 잠수함을 담근다.
⑪ 잠수함이 바닥에 닿으면 기체가 발생하면서 다시 떠오른다. 탱탱볼이 수면위로 나오면 기체가 빠진 후 다시 가라앉는다.

# 참고문헌

명지대학교 창의공학 연구회 역, 창의적 문제해결과 공학설계, 파워북.

박강 외 4인(2008), 공학문제 해결의 길라잡이 창의 공학, 도서출판 인터비전.

서영성 외 12인 역(2008), 창의적 공학설계, 피어선 에듀케이션 코리아.

이경우 외 4인(2008), 공학문제 해결입문, 시그마프레스.

이창훈 · 김기수(2007), 공학입문자를 위한 창의공학설계, 한티미디어.

정태진 · 백태현 · 이중길 · 운준원 공편저, 공학도를 위한 엔지니어링 입문, 보문당.

William C, Et al 3(1999), *Engineering Your Future*, Great Lakes Press.

Brian S. Thompson(1998), *Creative Engineering Design*, Okemos press.

# 공학설계입문

2010년 8월 5일 초판 인쇄
2013년 2월 20일 2판 발행

저 자 이용재 · 김노원 · 김삼열 · 김형석
김창규 · 김창호 · 이문노 · 최병윤
발 행 인 송기수
발 행 처 도서출판 **GS인터비전**
편 집 처 북큐브
인 쇄 처 토탈프로세스
등록번호 제 313-2011-120 호
I S B N 978-89-93668-40-7 (92530)

주 소 서울시 마포구 신수동 448-6 한국출판협동조합 B동 207호
전 화 02-976-7898, 3272-7898
팩 스 02-6468-7898
E-mail gsinter7@gamail.com

정 가 **18,000원**